Ehrlich
Brandsicherheitsdienst

Fachwissen Feuerwehr

1 Mengenbestellung

Bitte senden Sie mir/uns folgende/n Titel aus der Reihe
„Fachwissen Feuerwehr" zum Preis von je € 9,95 incl. MwSt.

Ex.	Titel	Bestellnummer
_____	Atemschutzgeräteträger	978-3-609-62325-2
_____	Baukunde	978-3-609-62411-2
_____	Brandsicherheitsdienst	978-3-609-62408-2
_____	Brennen und Löschen	978-3-609-62023-7
_____	Digitalfunk	978-3-609-68436-9
_____	Durchführung des ABC-Einsatzes	978-3-609-62356-6
_____	Einfache Rettung aus Höhen und Tiefen	978-3-609-62013-8
_____	Einsätze im Bereich von Bahnanlagen	978-3-609-68462-8
_____	Einsatzplanung und -vorbereitung	978-3-609-62400-6
_____	Fahrzeugkunde Teil 1	978-3-609-62403-7
_____	Fahrzeugkunde Teil 2	978-3-609-62014-5
_____	Führen und Leiten im Einsatz	978-3-609-62016-9
_____	Gefahren der Einsatzstelle	978-3-609-62401-3
_____	Gerätekunde/Hilfeleistungsgerät	978-3-609-62021-3
_____	Gerätekunde/Löschgerät	978-3-609-62324-5
_____	Gerätekunde/Rettungsgerät	978-3-609-62116-6
_____	Gerätekunde/Schläuche und Armaturen	978-3-609-62368-9
_____	Grundlagen der Absturzsicherung	978-3-609-62406-8
_____	Grundlagen der Wasser- und Eisrettung	978-3-609-62359-7
_____	Grundlagen des ABC-Einsatzes	978-3-609-62321-4
_____	Grundlagen des Drehleitereinsatzes	978-3-609-62323-8
_____	Grundlagen des Hochwassereinsatzes	978-3-609-62357-3
_____	Grundtätigkeiten Hilfeleistungseinsatz	978-3-609-62022-0
_____	Grundtätigkeiten Löscheinsatz	978-3-609-62413-6
_____	Grundtätigkeiten Retten und Selbstretten	978-3-609-62358-0
_____	Knoten, Stiche, Bunde und Anschlagmittel	978-3-609-62402-0
_____	Löschwasserförderung	978-3-609-62015-2
_____	Löschwasserversorgung	978-3-609-62405-1
_____	Maschinist für Löschfahrzeuge – Grundlagen	978-3-609-62012-1
_____	Mechanik	978-3-609-62117-3
_____	Photovoltaik	978-3-609-62404-4
_____	Schutzkleidung und Schutzgerät	978-3-609-62407-5
_____	Türöffnung – Forcible Entry	978-3-609-62409-9
_____	Unfallverhütung	978-3-609-62354-2
_____	Vorbeugender Brandschutz	978-3-609-62412-9

2 Sammelwerk-Bestellung

Bitte senden Sie mir/uns Ihr Sammelwerk (2 Bände, 16 Titel)
„Fachwissen Feuerwehr" zum Sonderpreis von € 129,95 incl. MwSt.

Ex.	Titel	Bestellnummer
_____	Sammelwerk Fachwissen Feuerwehr	978-3-609-62001-5

Bitte senden Sie mir/uns nur einzelne Leerordner
zum Preis von je € 9,00 incl. MwSt.

Ex.	Titel	Bestellnummer
_____	Leerordner Fachwissen Feuerwehr Band 1	978-3-609-62002-2
_____	Leerordner Fachwissen Feuerwehr Band 2	978-3-609-62003-9
_____	Leerordner Fachwissen Feuerwehr Band 3	978-3-609-20459-8

Einfach & bequem bestellen: Fax: +49 89/ 2183-7620

Absender:

_____
Institution

_____
Name / Vorname

_____
Funktion

_____
Straße und Hausnummer

_____
PLZ / Ort

_____
Telefonnr. für Rückfragen

X

_____
Datum   Unterschrift

Bestellung und Information unter
www.ecomed-storck.de

ecomed
SICHERHEIT

Verlagsgruppe Hüthig Jehle Rehm GmbH
Unternehmensbereich ecomed SICHERHEIT

Hultschiner Str. 8
81677 München

Service-Telefon: 089/ 21 83 - 7928
Bestell-Fax: 089/ 21 83 - 7620

E-Mail: kundenbetreuung@hjr-verlag.de
Internet: www.ecomed-storck.de

FACHWISSEN FEUERWEHR

Ehrlich

BRANDSICHERHEITS-DIENST

Bibliografische Informationen der Deutschen Nationalbibliothek

Die Deutsche Nationalbibliothek verzeichnet diese Publikation in der Deutschen Nationalbibliografie; detaillierte bibliografische Daten sind im Internet über <http://dnb.d-nb.de> abrufbar.

Bei der Herstellung des Werkes haben wir uns zukunftsbewusst für umweltverträgliche und wiederverwertbare Materialien entschieden.
Der Inhalt ist auf chlorfrei gebleichtes Papier gedruckt.

ISBN 978-3-609-62408-2

E-Mail: kundenbetreuung@hjr-verlag.de

Telefon: +49 89/2183-7928
Telefax: +49 89/2183-7620

© 2012 ecomed SICHERHEIT, eine Marke der Verlagsgruppe Hüthig Jehle Rehm GmbH
Heidelberg, München, Landsberg, Frechen, Hamburg

www.ecomed-SICHERHEIT.de

Satz: abavo GmbH, 86807 Buchloe
Printed in Germany

Vorwort

Die Anforderungen an die Angehörigen der Freiwilligen Feuerwehren, Berufsfeuerwehren, Werk- und Betriebsfeuerwehren haben sich im Laufe der Jahre erheblich verändert. Genügten früher die Kenntnisse der normalen Brandbekämpfung, müssen heute selbst kleine Feuerwehren die unterschiedlichsten Notlagen meistern, um in Not geratene Mitmenschen oder Tiere zu retten, Sachwerte zu erhalten und die Umwelt vor Schaden zu bewahren.

Dies ist aber nur noch möglich, wenn für die Feuerwehrangehörigen eine umfassende und wirksame Aus- und Weiterbildung angeboten und auch durchgeführt wird.

Diese Forderung steht jedoch dem Problem gegenüber, dass diese Aus- und Weiterbildung von den meist freiwillig tätigen Angehörigen der Feuerwehren zusätzlich zu den immer weiter steigenden Anforderungen im Berufsleben geleistet werden muss.

Letztlich liegt es an jedem Feuerwehrangehörigen selbst, ob und in welchem Umfang er bereit ist, sich durch eine regelmäßige und aktive Teilnahme an der Aus- und Weiterbildung den gesteigerten Anforderungen der Feuerwehr zu stellen.

Das Ziel der Broschürenreihe „Fachwissen Feuerwehr" besteht darin, die Feuerwehrangehörigen mit dem Wissen auszustatten, das in der heutigen Zeit erforderlich ist, um aufgabengerecht und wirkungsvoll tätig zu werden. Sie ist vorrangig für die Feuerwehrangehörigen vorgesehen, die erstmals in das Thema Feuerwehr „einsteigen" und für diejenigen, die sich ein solides Basiswissen aneignen möchten.

Die Broschüren eignen sich hervorragend zur Lehrgangsvorbereitung und -begleitung. Das praktische Format ermöglicht eine leichte Handhabung in der Praxis.

Die Texte und Abbildungen sind in leicht verständlicher Weise dargestellt, wichtige Hinweise und Merksätze filtern die für die Praxis wichtigen Informationen heraus. Auf die Verwendung spezieller Formeln und wenig gebräuchlicher Begriffe und Einheiten wird weitgehend verzichtet. Die Angaben technischer Daten erfolgt ohne Gewähr.

Die Funktionsbezeichnungen und personenbezogenen Begriffe gelten sowohl für weibliche als auch für männliche Feuerwehrangehörige.

Der Aufgabenbereich öffentlicher Feuerwehren wird in erster Linie von Aufgaben des abwehrenden Brandschutzes und der technischen Hilfeleistung bestimmt. Daneben besteht allerdings auch der von der Öffentlichkeit in der Regel nicht so stark wahrgenommene Tätigkeitsbereich des vorbeugenden Brandschutzes zur Verhütung von Bränden und Brandgefahren. Eingebunden in diesen vorbeugenden Brandschutz ist auch die Durchführung des sogenannten „Brandsicherheitsdienstes" bei größeren Veranstaltungen.

Diese Broschüre „Brandsicherheitsdienst" richtet sich vor allem an die Angehörigen der freiwilligen Feuerwehren, die bei unregelmäßig stattfindenden Veranstaltungen den reibungslosen Ablauf eines Brandsicherheitsdienstes zu gewährleisten haben. Bei der Vorbereitung bietet diese Broschüre einen verlässlichen Handlungsrahmen. Spezielle Probleme der Planung und Organisation können natürlich nur vor Ort und in der jeweiligen Veranstaltungssituation geklärt werden.

Kassel, im Juni 2012   Dirk Ehrlich

Inhalt

Inhalt

1 Einleitung

Brandschutz ist grundsätzlich eine der Pflichtaufgaben von Gemeinden und Kommunen, so dass auch diese dafür zuständig sind, ob ein Brandsicherheitsdienst überhaupt angeordnet und durchgeführt wird.

Der Brandsicherheitsdienst ist ein Dienst der Feuerwehr, der während einer Veranstaltung, z. B. in einer Versammlungsstätte, als vorbeugende organisatorische Brandschutzmaßnahme durchgeführt wird.

Er wird durch eine zu bestimmende Anzahl von Feuerwehrangehörigen durchgeführt, deren grundsätzliche Aufgabe darin besteht, den sicheren Ablauf der Veranstaltung zu gewährleisten.

Abbildung 1: Brandsicherheitsdienst während einen Theateraufführung
(Foto: Ehrlich)

Die Art und Weise der Durchführung des Brandsicherheitsdienstes wiederum liegt in der Zuständigkeit des Verantwortlichen für den örtlichen Brandschutz, also des Leiters der jeweiligen Feuerwehr.

Die Durchführung eines Brandsicherheitsdienstes ist für die Angehörigen der Feuerwehr eine Aufgabe, bei der es nicht um eine praktische Schadenabwehr geht, sondern um eine eher theoretische Gefahrenabwehr. Problematisch ist dabei die Tatsache, dass zwar die Tätigkeiten sowie die damit verbundene Verantwortung in den fachspezifischen Rechtsvorschriften ausführlich erläutert sind, dass darüber hinaus aber kaum verbindliche Hinweise darüber bestehen, welche Rechte und Kompetenzen den vor Ort tätigen Feuerwehrangehörigen zur Verfügung stehen, um jene die Brandsicherheit betreffenden Anordnungen und Erfordernisse auch durchzusetzen.

Erschwerend kommt hinzu, dass die Verantwortlichen von Veranstaltungen, bei denen ein Brandsicherheitsdienst erforderlich ist, häufig nur wenig oder gar kein Verständnis für die Notwendigkeit und die Anordnung von Sicherheitsmaßnahmen haben, die sie zum einen nicht bestellt haben und für die zum anderen von der anordnenden Behörde auch noch Abgaben nach der örtlichen Gebührenordnung erhoben werden.

Deshalb ist eine eingehende Ausbildung und Vorbereitung auf die Durchführung des Brandsicherheitsdienstes eine Grundvoraussetzung für eine weitgehend reibungslose Aufgabenerfüllung. Der Feuerwehr stehen hierzu ausreichende „Machtinstrumente" zur Verfügung, um den Brandsicherheitsdienst bestimmungsgemäß durchführen zu können. Sie muss nur lernen, mit diesen Instrumenten sicher und auch selbstbewusst umzugehen.

Darüber hinaus ist das Auftreten der Feuerwehrangehörigen im Rahmen des Brandsicherheitsdienstes in einer anderen Weise im Blickfeld öffentlicher Wahrnehmung, als dies bei klassischen Feuerwehreinsätzen der Fall ist, so dass das Auftreten, das äußere Erscheinungsbild und die Kommunikation hier eine ganz besondere Rolle spielen. Die Feuerwehrangehörigen müssen dabei beachten, dass von ihrem Verhalten, Aussehen und Auftreten das Ansehen ihrer Feuerwehr geprägt wird.

Die genannten Gründe und Problembereiche machen eine strukturierte Vorbereitung und Organisation schon im Vorfeld des Brandsicherheitsdienstes zu einer zwingenden Notwendigkeit, um in der Folge eine weitgehend reibungs- und problemlose Durchführung der Aufgabe sicherzustellen.

Hinweis: In Abhängigkeit von der jeweiligen länderspezifischen Gesetzgebung wird der Brandsicherheitsdienst auch als Brandsicherheitswache, Feuersicherheitsdienst oder Feuersicherheitswache bezeichnet.

2   Begriffe

Im Zusammenhang mit dem Brandsicherheitsdienst sind die nachfolgenden Begriffe von Bedeutung:

Ausschmückungen sind vorübergehend eingebrachte Dekorationsgegenstände, auch außerhalb der Szenenflächen. Hierzu gehören insbesondere Drapierungen, Girlanden, Fahnen und künstlicher Pflanzenschmuck.

Ausstattungen sind Bestandteile von Bühnen- oder Szenenbildern. Hierzu gehören insbesondere Wand-, Fußboden- und Deckenelemente, Bildwände, Treppen und sonstige Bühnenbildteile.

Ausstellungs- und Messehallen sind überwiegend mit Ausstellungsständen auf Ausstellungsflächen belegt, die einen erheblichen Teil der Fläche in Anspruch nehmen. In derartigen Hallen werden in der Regel Produkte und Dienstleistungen präsentiert und Verkaufsförderung betrieben.

Besucher sind im Wesentlichen die Zuschauer oder Zuhörer, also die an der Veranstaltung passiv beteiligten Personen. Personen, die über eine Eintrittskarte mit oder ohne Bezahlung Zutritt zur Veranstaltung haben, sind immer Besucher. Die an der Organisation und Durchführung der Veranstaltung beteiligten Personen, wie z.B. Organisatoren, Darsteller, Orchestermitglieder, Ordnungsdienst, bühnentechnisches Personal, Service- und Küchenpersonal, zählen nicht zu den Besuchern.

Bühne ist der hinter der Bühnenöffnung liegende Raum mit Szenenflächen. Dazu zählen die Hauptbühne sowie die Hinter- und Seitenbühnen einschließlich der jeweils zugehörigen Ober- und Unterbühnen.

Bühnenhaus ist der für Zuschauer regelmäßig nicht zugängliche Gebäudeteil in Versammlungsstätten, der die Bühnen und die mit ihnen in baulichem Zusammenhang stehenden Räume umfasst.

Bühnenöffnung ist die Öffnung in der Trennwand zwischen der Hauptbühne und dem Versammlungsraum.

Fliegende Bauten sind bauliche Anlagen, die zeitlich begrenzt aufgestellt und nach Beendigung der Verwendung zerlegt werden, wie z.B. Zelte, Traglufthallen, Verkaufsbuden, Bauten für Wanderausstellungen oder bauliche Anlagen für artistische Vorführungen im Freien. Fliegende Bauten können auch als Versammlungsstätte genutzt werden.

Foyers innerhalb eines Theaters oder einer Mehrzweckhalle sind Empfangs- und Pausenräume für Besucher. Sie dienen zugleich der Erschließung der übrigen Versammlungsräume. Da Foyers auch multifunktional genutzt werden können, gelten sie zugleich auch als Versammlungsräume.

Mehrzweckhallen sind überdachte Versammlungsstätten für verschiedene Veranstaltungsarten. Bei den verschiedenen Nutzungsmöglichkeiten dieser Hallen wird hinsichtlich der baulichen Anforderungen auf die Nutzung abgestellt, von der die größte Gefährdung ausgehen kann.

Requisiten sind bewegliche Einrichtungsgegenstände von Bühnen- oder Szenenbildern. Hierzu gehören insbesondere Möbel, Leuchten, Bilder und Geschirr, außer bestimmungsgemäße Möbel, Fenstervorhänge, Tischdecken, Sitzkissen usw. eines Versammlungsraumes.

Sportstadien sind Versammlungsstätten mit Tribünen für Besucher und mit nicht überdachten Sportflächen.

Studios sind Produktionsstätten für Film, Fernsehen und Hörfunk mit Besucherplätzen.

Szenenflächen sind Flächen für künstlerische, musikalische und andere Darbietungen mit einer Grundfläche größer 20 m^2. Sie können innerhalb eines Versammlungsraumes liegen und behelfsmäßig aufgebaut sein.

Tribünen sind bauliche Anlagen mit ansteigenden Steh- oder Sitzplatzreihen (Stufenreihen) für Besucher z.B. in Sportstadien und Mehrzweckhallen.

Versammlungsräume sind Räume innerhalb von Gebäuden, die für Veranstaltungen oder für den Verzehr von Speisen und Getränken vorgesehen sind und dem Aufenthalt von Besuchern dienen. Hierzu gehören auch Aulen und Foyers, Vortrags- und Hörsäle sowie Studios.

Versammlungsstätten sind bauliche Anlagen, die für die gleichzeitige Anwesenheit vieler Menschen bei Veranstaltungen, insbesondere erzieherischer, wirtschaftlicher, geselliger, kultureller, künstlerischer, politischer, sportlicher oder unterhaltender Art, bestimmt sind, sowie Schank- und Speisewirtschaften. Von Versammlungsstätten können aufgrund ihrer Nutzung und gleichzeitiger Anwesenheit vieler Personen auf begrenztem Raum Gefahren ausgehen. Die Gefahren können durch das Verhalten der Besucher, durch äußere Umstände, durch die Unkenntnis der Besucher über die räumlichen Verhältnisse und/oder die Art des Betriebes entstehen.

Versammlungsstätten im Freien bestehen teilweise aus baulichen Anlagen, wenn der Zugang oder Ausgang durch Öffnungen in fest oder vorübergehend errichteten baulichen Anlagen, wie Einfriedungen oder Abschrankungen, gesteuert wird.

Volksfeste sind im Brauchtum verankerte regional Feste, die oft eine lange Tradition besitzen und sich im Laufe der Jahrhunderte aus einem Jahrmarkt entwickelt haben. Besonderes Merkmal sind die aufgestellten Fahrgeschäfte, die wie die Verpflegungsstände und Festzelte von Schaustellern betrieben werden. Volksfeste können auf einem eigenen Festplatz oder in Form von Straßenfesten in einer Innenstadt stattfinden.

Zuschauerhaus ist der Gebäudeteil in Versammlungsstätten, der die Versammlungsräume und die mit ihnen in baulichem Zusammenhang stehenden Räume umfasst.

3   Gesetzliche Grundlagen

In Deutschland besteht eine Vielzahl von Vorschriften und Regelungen für den vorbeugenden Brandschutz. Bei der nach Bundesländern sehr uneinheitlichen Gesetzgebung ist es häufig nicht einfach, den Überblick zu behalten und gerade im Hinblick auf so spezielle Tätigkeitsfelder wie dem des Brandsicherheitsdienstes das Wesentliche auf Anhieb zu erkennen.

Vor diesem Hintergrund ist es aber keinesfalls das Ziel, hier einen vollständigen Überblick über alle gängigen Rechtsverordnungen zu geben, sondern vielmehr, den Rechtsrahmen auf einige wenige Schwerpunkte zu begrenzen, die den Angehörigen der Feuerwehren die Möglichkeit einer schnellen Orientierung bieten, ohne dass dies bedeutet, dass die große Zahl von Vorschriften und Regelungen deswegen weniger bedeutsam wäre.

3.1   Historischer Hintergrund

Im vorigen Jahrhundert kam es immer wieder zu großen Theaterbränden, bei denen eine große Anzahl von Toten und Verletzten zu beklagen waren. So gab es 1847 bei einem Theaterbrand in Karlsruhe 63 Tote und 200 Verletzte und 1881 beim Brand des Ringtheaters in Wien mehr als 500 Tote.

Die Gründe für diese verheerenden Brände waren die in der damaligen Zeit vorherrschenden Bausubstanzen, die verwendeten Baustoffe und Dekorationen, die häufige Verwendung von offenem Feuer und Licht, der fehlende organisatorische Brandschutz oder die mangelhafte Überwachung von bestehenden Brandschutzvorschriften. Dazu gibt es ein Zitat von Johann Wolfgang von Goethe:

> Was ist wohl ein Theaterbau – ich weiß es wirklich sehr genau – man pfercht das Brennlichste zusammen – dann steht es also bald in Flammen!

3.2 Brandschutzgesetze der Länder

Aus der Erfahrung der Vergangenheit sind dann Gesetze und Vorschriften zu baulichen und organisatorischen Voraussetzungen entstanden, um Gefahren für Leben und Gesundheit vorzubeugen und letztlich auch die Voraussetzungen für Brandsicherheitsdienste zu schaffen. In den Brandschutzgesetzen der Länder finden sich in der Regel unter dem Stichwort „Vorbeugender Brandschutz" Hinweise zur Durchführung des Brandsicherheitsdienstes. So existieren die folgenden Gesetze in den einzelnen Ländern:

- **Baden-Württemberg:** Feuerwehrgesetz (FwG)

- **Bayern:** Bayerisches Feuerwehrgesetz (BayFwG)

- **Berlin:** Gesetz über die Feuerwehren im Land Berlin (FwG)

- **Brandenburg:** Gesetz über den Brandschutz, die Hilfeleistung und den Katastrophenschutz des Landes Brandenburg (BbgBKG)

- **Bremen:** Bremisches Hilfeleistungsgesetz (BremHilfeG)

- **Hamburg:** Feuerwehrgesetz Hamburg (FeuerwG)

- **Hessen:** Hessisches Gesetz über den Brandschutz, die Allgemeine Hilfe und den Katastrophenschutz (HBKG)

- **Mecklenburg-Vorpommern:** Gesetz über den Brandschutz und die Technischen Hilfeleistungen durch die Feuerwehren für Mecklenburg-Vorpommern (M-V-BrSchG)

- **Niedersachsen:** Niedersächsisches Gesetz über den Brandschutz und die Hilfeleistungen der Feuerwehren (NBrandSchG)

- **Nordrhein-Westfalen:** Gesetz über den Feuerschutz und die Hilfeleistung (FSHG)

- **Rheinland-Pfalz:** Landesgesetz über den Brandschutz, die allgemeine Hilfe und den Katastrophenschutz (LBKG)

- **Saarland:** Gesetz über den Brandschutz, die Technische Hilfe und den Katastrophenschutz im Saarland (BSG)

- **Sachsen:** Sächsisches Gesetz über den Brandschutz, Rettungsdienst und Katastrophenschutz (SächsBRKG)

- **Sachsen-Anhalt:** Brandschutz- und Hilfeleistungsgesetz des Landes Sachsen-Anhalt (BrSchG)

- **Schleswig-Holstein:** Gesetz über den Brandschutz und die Hilfeleistungen der Feuerwehren (BrSchG)

- **Thüringen:** Thüringer Gesetz über den Brandschutz, die Allgemeine Hilfe und den Katastrophenschutz (ThürBKG)

Beispiel:

Im Brandschutzgesetz des Landes Hessen finden sich dann hinsichtlich des Brandsicherheitsdienstes die folgenden Hinweise zum Thema:

§ 17 Brandsicherheitsdienst

(1) Für Veranstaltungen, bei denen bei Ausbruch eines Brandes eine größere Anzahl von Menschen gefährdet wäre (Versammlungen, Ausstellungen, Theateraufführungen, Zirkusveranstaltungen, Messen, Märkte und vergleichbare Veranstaltungen), kann ein Brandsicherheitsdienst angeordnet werden.

(2) Der Brandsicherheitsdienst wird von der öffentlichen Feuerwehr der Gemeinde geleistet. Art und Umfang des Brandsicherheitsdienstes bestimmt die Leitung der Feuerwehr. In Betrieben mit einer Werkfeuerwehr übernimmt diese den Brandsicherheitsdienst und deren Leitung bestimmt dessen Art und Umfang. Feuerwehren, die über eine amtliche Anerkennung verfügen, können im Einzelfall zugelassen werden.

(3) Für die Durchführung des Brandsicherheitsdienstes werden Gebühren nach örtlichen Gebührenordnungen erhoben.

Wenngleich aus dem Text scheinbar nur eine KANN-Bestimmung hervorgeht, bedeutet dies in der Praxis aber, dass letztlich bei jeder größeren Veranstaltung die denkbare Gefährdung für die Menschen eingeschätzt wird und dann auch ein Brandsicherheitsdienst angeordnet wird. Diese Prüfung der Notwendigkeit wie auch die tatsächliche Anordnung eines Brandsicherheitsdienstes obliegt der jeweiligen Gemeinde, Kommune oder Stadt, in deren Einzugsbereich die Veranstaltung geplant ist und die die Veranstaltung auch grundsätzlich genehmigen muss.

Dabei ist es nur zum Teil der Auslegung überlassen, wie eine „größere Anzahl von gefährdeten Menschen" zu erklären ist, da dies bei Veranstaltungen in geschlossenen Gebäuden wie z. B. einer Stadthalle oder einem Theater an den jeweiligen Gebäudekapazitäten, den Sitzplatzmöglichkeiten oder den besonderen örtlichen Gegebenheiten ausgerichtet ist.

Hinweis: Konkrete Zahlen zu Kapazitätsuntergrenzen finden sich im § 1 „Anwendungsbereich" der Muster-Versammlungsstättenverordnung.

Ein Widerspruchsrecht gegen die Anordnung eines Brandsicherheitsdienstes und auch die behördlichen Anordnungen der zuständigen Feuerwehr hat der Veranstalter in der Regel nicht. Dies sollte aber nicht dazu führen, dass Vorschläge und Wünsche des Veranstalters schroff übergangen werden.

Es ist dann in jedem Fall die Leitung der zuständigen Feuerwehr der betroffenen Gemeinde, die über die tatsächliche Ausgestaltung eines angemessenen Brandsicherheitsdienstes die Entscheidung trifft. Die Ausgestaltung eines Brandsicherheitsdienstes sollte im Normalfall aber gemeinsam mit dem Veranstalter schon im Vorfeld besprochen und geplant werden. Es entspricht der Praxis, dass bei Feuerwehren in Städten und Gemeinden mit größeren Veranstaltungsorten und regelmäßigen Veranstaltungen in der Regel feste Dienstanweisungen und Durchführungskonzepte für den Brandsicherheitsdienst vorliegen, während die eventuell nur unregelmäßige Durchführung eines Brandsicherheitsdienstes in kleineren Gemeinden meist einer individuellen Planung bedarf.

3.3   Musterbauordnung (MBO)

Die Planung und Durchführung eines Brandsicherheitsdienstes muss sich neben den Brandschutzgesetzen der Länder auch an baurechtlichen Vorgaben orientieren. Eine Hilfestellung bei dieser Orientierung bietet in übersichtlicher Weise die Musterbauordnung (MBO), die eine Vielzahl notwendiger Anforderungen an bauliche Anlagen beschreibt und dabei auch insbesondere die Themen Sicherheit und Brandschutz beinhaltet.

Bezogen auf den Brandsicherheitsdienst sollte bereits bei der Planung einer Veranstaltung darauf geachtet werden, dass die bauliche Anlage auch den gemäß MBO geforderten Anforderungen entspricht und für die Veranstaltung grundsätzlich geeignet ist. Dazu heißt es in der MBO:

> **§ 14 Brandschutz**
>
> Bauliche Anlagen sind so anzuordnen, zu errichten, zu ändern und instand zu halten, dass der Entstehung eines Brandes und der Ausbreitung von Feuer und Rauch (Brandausbreitung) vorgebeugt wird und bei einem Brand die Rettung von Menschen und Tieren sowie wirksame Löscharbeiten möglich sind.

Bereits hier wird ersichtlich, dass ein wirksamer Brandsicherheitsdienst überhaupt nur dann möglich sein kann, wenn diese Vorgabe der MBO auch erfüllt ist. In der Praxis bedeutet dies, dass vor allem schon in der Planung des Brandsicherheitsdienstes darauf zu achten ist, Brandrisiken auszumachen und die Sicherheit von Flucht- und Rettungswegen zu gewährleisten.

Nun kann der vor Ort tätige Feuerwehrangehörige, der seinen Brandsicherheitsdienst leistet, sicherlich nicht überprüfen, ob bei der Errichtung der baulichen Anlage die geforderten Maßnahmen des § 14 „Brandschutz" auch eingehalten wurden, denkt man etwa an die Verbauung bestimmter schwer entflammbarer Baustoffe usw. Dieser Bereich des baulichen Brandschutzes entzieht sich ganz klar einer Überprüfung vor Ort durch die Angehörigen des Brandsicherheitsdienstes.

Gleichwohl ist es aber Aufgabe der örtlichen Feuerwehr, im Rahmen der Planung eines Brandsicherheitsdienstes in einer baulichen Anlage auch diese Erfordernisse zu überprüfen. Der Betreiber der baulichen Anlage, wenn dies nicht die Kommune selbst ist, ist hier der Behörde gegenüber zur Auskunft und Offenlegung der bautechnischen Unterlagen verpflichtet.

Auf dieser Grundlage sowie auf der Grundlage weiterer gebäudespezifischer Vorschriften kann dann der Veranstalter zur Nachbesserung bei erkannten Mängeln verpflichtet werden und im äußersten Falle kann sogar eine Veranstaltung schon im Vorfeld behördlich untersagt werden.

Hinweis: Es muss nachdrücklich darauf hingewiesen werden, dass mangelhafte oder fehlende bauliche oder technische Brandschutzmaßnahmen oder die Durchführung einer Veranstaltung in ungeeigneten Räumlichkeiten **nicht** durch einen Brandsicherheitsdienst kompensiert werden kann.

Es muss aber am Veranstaltungstag immer wieder auf die Erfordernisse wie z. B. die Minimierung von Brandrisiken oder die Schaffung sicherer Flucht- und Rettungswege geachtet werden. So ist es durchaus notwendig, im Vorfeld einer Veranstaltung auch die Funktion und Nutzbarkeit der Notausgänge in Augenschein zu nehmen und sich nicht allein auf deren bloßes Vorhandensein zu verlassen.

3.4 Muster-Versammlungsstättenverordnung (MVStättV)

Wie im Bereich der Brandschutzgesetze der Länder, gibt es auch im Bereich der Verordnungen zu Versammlungsstätten länderspezifische Ausfertigungen. Grundsätzlich orientieren sich diese aber an der „Musterverordnung über den Bau und Betrieb von Versammlungsstätten, (MVStättV)", die für die Vorbereitung eines Brandsicherheitsdienstes in jedem Falle herangezogen werden kann. Für den Brandsicherheitsdienst ist vor allem der Teil 4 „Betriebsvorschriften" mit den §§ 31 bis 43 von besonderer Bedeutung.

§ 31 Rettungswege, Flächen für die Feuerwehr

(1) Rettungswege auf dem Grundstück sowie Zufahrten, Aufstell- und Bewegungsflächen für Einsatzfahrzeuge von Polizei, Feuerwehr und Rettungsdiensten müssen ständig freigehalten werden. Darauf ist dauerhaft und gut sichtbar hinzuweisen.

(2) Rettungswege in der Versammlungsstätte müssen ständig freigehalten werden.

(3) Während des Betriebes müssen alle Türen von Rettungswegen unverschlossen sein.

Dabei ist es notwendig, dass der Brandsicherheitsdienst diese Forderungen auch während der Veranstaltung in regelmäßigen Abständen kontrolliert. Gerade bei Veranstaltungen, die über mehrere Stunden oder sogar Tage andauern, ist dies ein dringendes Erfordernis.

§ 32 Besucherplätze nach dem Bestuhlungs- und Rettungswegeplan

(1) Die Zahl der im Bestuhlungs- und Rettungswegeplan genehmigten Besucherplätze darf nicht überschritten und die genehmigte Anordnung der Besucherplätze darf nicht geändert werden.

(2) Eine Ausfertigung des für die jeweilige Nutzung genehmigten Planes ist in der Nähe des Haupteinganges eines jeden Versammlungsraumes gut sichtbar anzubringen.

(3) Ist nach der Art der Veranstaltung die Abschrankung der Stehflächen vor Szenenflächen erforderlich, sind Abschrankungen nach § 29 auch in Versammlungsstätten mit nicht mehr als 5.000 Stehplätzen einzurichten.

Der Bestuhlungs- und Rettungswegeplan ist eine zeichnerische Darstellung der Versammlungsstätte, aus der die Anordnung der Sitz- und Stehplätze, einschließlich der Plätze für Rollstuhlbenutzer, die Bühnen-, Szenen- oder Spielflächen sowie der Verlauf der Rettungswege zu ersehen ist.

Abbildung 2: Prüfung eines Bestuhlungs- und Rettungswegeplanes
(Foto: Ehrlich)

Hinsichtlich der Bestuhlung sind u.a. folgende Anforderungen zu beachten:

- In Reihen angeordnete Sitzplätze müssen unverrückbar befestigt sein.

- Nur vorübergehend aufgestellte Stühle sind in den einzelnen Reihen fest miteinander zu verbinden.

- Sitzplätze müssen mindestens 0,50 m breit sein.

- Zwischen den Sitzplatzreihen muss eine lichte Durchgangsbreite von mindestens 0,40 m vorhanden sein.

- Sitzplätze müssen in Blöcken von höchstens 30 Sitzplatzreihen angeordnet sein.

- Hinter und zwischen den Blöcken müssen Gänge mit einer Mindestbreite von 1,20 m vorhanden sein.

- Die Gänge müssen auf möglichst kurzem Weg zum Ausgang führen.

- Seitlich eines Ganges dürfen höchstens 10 Sitzplätze, bei Versammlungsstätten im Freien und Sportstadien höchstens 20 Sitzplätze angeordnet sein.

- Zwischen zwei Seitengängen dürfen 20 Sitzplätze, bei Versammlungsstätten im Freien und Sportstadien höchstens 40 Sitzplätze angeordnet sein.

- In Versammlungsräumen dürfen zwischen zwei Seitengängen höchstens 50 Sitzplätze angeordnet sein, wenn auf jeder Seite des Versammlungsraumes für jeweils vier Sitzreihen eine Tür mit einer lichten Breite von 1,20 m angeordnet ist.

- Von jedem Tischplatz darf der Weg zu einem Gang nicht länger als 10 m sein.

- Der Abstand von Tisch zu Tisch soll 1,50 m nicht unterschreiten.

- In Versammlungsräumen müssen für Rollstuhlbenutzer mindestens 1 % der Besucherplätze, mindestens jedoch zwei Plätze auf ebenen Standflächen vorhanden sein.

- Den Plätzen für Rollstuhlbenutzer sind Besucherplätze für Begleitpersonen zuzuordnen.

- Die Plätze für Rollstuhlbenutzer und die Wege zu ihnen sind durch Hinweisschilder gut sichtbar zu kennzeichnen.

- Stufen in Gängen müssen eine Steigung von mindestens 0,10 m und höchstens 0,19 m und einen Auftritt von mindestens 0,26 m haben.

- Der Fußboden des Durchganges zwischen Sitzplatzreihen und der Fußboden von Stehplatzreihen muss mit dem anschließenden Auftritt des Stufenganges auf einer Höhe liegen.

- Stufengänge in Mehrzweckhallen mit mehr als 5.000 Besucherplätzen und in Sportstadien müssen sich durch farbliche Kennzeichnung von den umgebenden Flächen deutlich abheben.

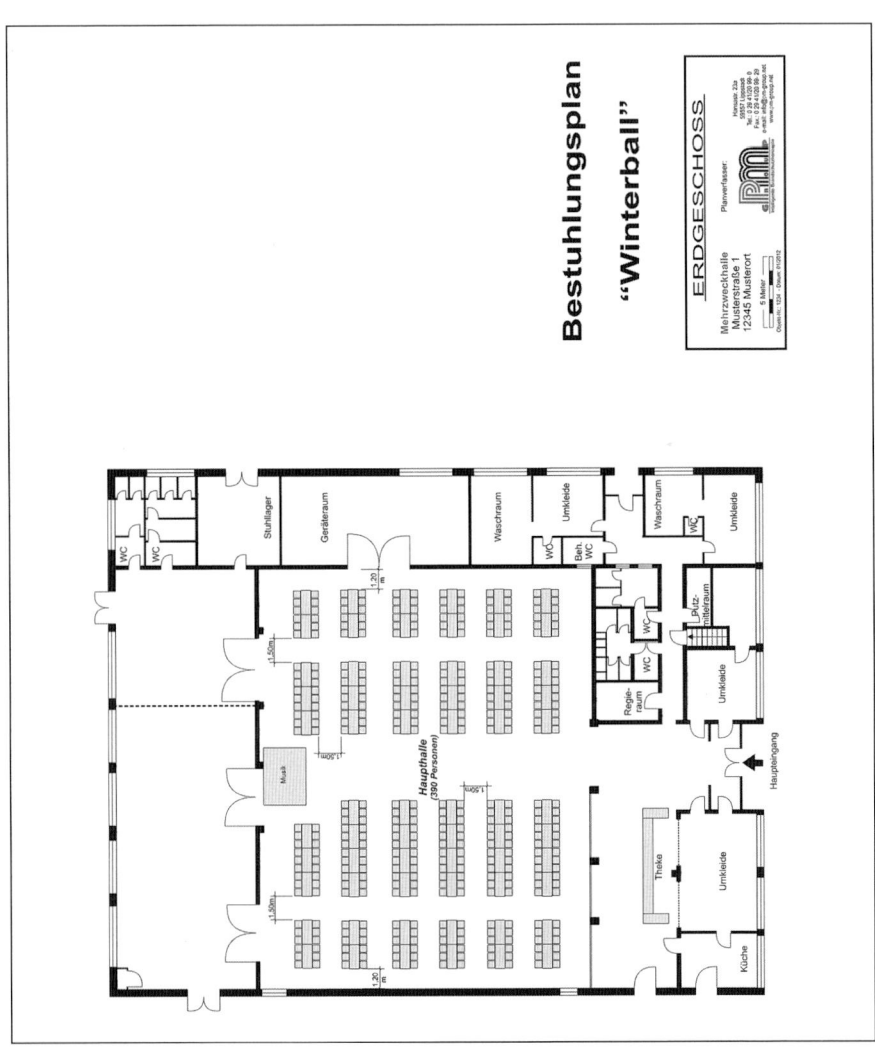

Abbildung 3: Bestuhlungs- und Rettungswegeplan
(Quelle: Fa. PM-Group GmbH, Lippstadt)

§ 33 Vorhänge, Sitze, Ausstattungen, Requisiten und Ausschmückungen

(1) Vorhänge von Bühnen und Szenenflächen müssen aus mindestens schwerentflammbarem Material bestehen.

(2) Sitze von Versammlungsstätten mit mehr als 5.000 Besucherplätzen müssen aus mindestens schwerentflammbarem Material bestehen. Die Unterkonstruktion muss aus nichtbrennbarem Material bestehen.

(3) Ausstattungen müssen aus mindestens schwerentflammbarem Material bestehen. Bei Bühnen oder Szenenflächen mit automatischen Feuerlöschanlagen genügen Ausstattungen aus normalentflammbarem Material.

(4) Requisiten müssen aus mindestens normalentflammbarem Material bestehen.

(5) Ausschmückungen müssen aus mindestens schwerentflammbarem Material bestehen. Ausschmückungen in notwendigen Fluren und notwendigen Treppenräumen müssen aus nichtbrennbarem Material bestehen.

(6) Ausschmückungen müssen unmittelbar an Wänden, Decken oder Ausstattungen angebracht werden. Frei im Raum hängende Ausschmückungen sind zulässig, wenn sie einen Abstand von mindestens 2,50 m zum Fußboden haben. Ausschmückungen aus natürlichem Pflanzenschmuck dürfen sich nur so lange sie frisch sind in den Räumen befinden.

(7) Der Raum unter dem Schutzvorhang ist von Ausstattungen, Requisiten oder Ausschmückungen so freizuhalten, dass die Funktion des Schutzvorhangs nicht beeinträchtigt wird.

(8) Brennbares Material muss von Zündquellen, wie Scheinwerfern oder Heizstrahlern, so weit entfernt sein, dass das Material durch diese nicht entzündet werden kann.

Diese Anforderungen sind ein besonderes Beispiel dafür, dass eine gewissenhafte Vorausplanung einer Veranstaltung nur gemeinsam mit dem Veranstalter erfolgen kann.

Die genannten Anforderungen – besonders an schwer entflammbare Materialien – müssen im Vorfeld geklärt sein, da eine Prüfung vor der Veranstaltung nur schwer möglich und auch keinesfalls sinnvoll ist. Der Brandsicherheitsdienst ist aber verpflichtet, Ausstattungen, Requisiten usw. in Augenschein zu nehmen und erkannte Gefahrenquellen beseitigen zu lassen.

Hinweis: Wenn Unsicherheit darüber besteht, ob eine Requisite oder sonstige Ausstattung tatsächlich schwer entflammbar ist, kann eine Materialprobe entnommen und diese im Freien einem Brandversuch unterzogen werden, um das Brandverhalten zu beurteilen.

§ 35 Rauchen, Verwendung von offenem Feuer und pyrotechnischen Gegenständen

(1) Auf Bühnen und Szenenflächen, in Werkstätten und Magazinen ist das Rauchen verboten. Das Rauchverbot gilt nicht für Darsteller und Mitwirkende auf Bühnen- und Szenenflächen während der Proben und Veranstaltungen, soweit das Rauchen in der Art der Veranstaltungen begründet ist.

(2) In Versammlungsräumen, auf Bühnen- und Szenenflächen und in Sportstadien ist das Verwenden von offenem Feuer, brennbaren Flüssigkeiten und Gasen, pyrotechnischen Gegenständen und anderen explosionsgefährlichen Stoffen verboten. § 17 Abs. 1 bleibt unberührt. Das Verwendungsverbot gilt nicht, soweit das Verwenden von offenem Feuer, brennbaren Flüssigkeiten und Gasen sowie pyrotechnischen Gegenständen in der Art der Veranstaltung begründet ist und der Veranstalter die erforderlichen Brandschutzmaßnahmen im Einzelfall mit der Feuerwehr abgestimmt hat. Die Verwendung pyrotechnischer Gegenstände muss durch eine nach Sprengstoffrecht geeignete Person überwacht werden.

(3) Die Verwendung von Kerzen und ähnlichen Lichtquellen als Tischdekoration sowie die Verwendung von offenem Feuer in dafür vorgesehenen Kücheneinrichtungen zur Zubereitung von Speisen ist zulässig.

(4) Auf die Verbote der Absätze 1 und 2 ist dauerhaft und gut sichtbar hinzuweisen.

An dieser Stelle muss deutlich darauf hingewiesen werden, dass die Überwachung der Verwendung pyrotechnischer Gegenstände ausschließlich durch einen ausgebildeten Fachmann erfolgen darf. Dies kann durchaus ein Mitarbeiter des Veranstalters sein, etwa bei einer Theateraufführung, dies kann aber auch ein dafür ausgebildeter Angehöriger der Feuerwehr sein.

Der Nachweis muss hier schriftlich durch den so genannten Pyrotechnik-Schein erfolgen. In der Regel sind Feuerwehrangehörigen nicht pyrotechnisch ausgebildet. Es wird deswegen darauf hingewiesen, dass ein Brandsicherheitsdienst zwar für die Überwachung von Pyrotechnik-Shows eingesetzt werden darf, dieser aber keinesfalls eine Abnahme der pyrotechnischen Einrichtungen durchführen darf.

§ 36 Bedienung und Wartung der technischen Einrichtungen

(1) Der Schutzvorhang muss täglich vor der ersten Vorstellung oder Probe durch Aufziehen und Herablassen auf seine Betriebsbereitschaft geprüft werden. Der Schutzvorhang ist nach jeder Vorstellung herabzulassen und zu allen arbeitsfreien Zeiten geschlossen zu halten.

(2) Die Automatik der Sprühwasserlöschanlage kann während der Dauer der Anwesenheit der Verantwortlichen für Veranstaltungstechnik abgeschaltet werden.

(3) Die automatische Brandmeldeanlage kann abgeschaltet werden, soweit dies in der Art der Veranstaltung begründet ist und der Veranstalter die erforderlichen Brandschutzmaßnahmen im Einzelfall mit der Feuerwehr abgestimmt hat.

(4) Während des Aufenthaltes von Personen in Räumen, für die eine Sicherheitsbeleuchtung vorgeschrieben ist, muss diese in Betrieb sein, soweit die Räume nicht ausreichend durch Tageslicht erhellt sind.

Zum Absatz 3 dieses Paragraphen muss bemerkt werden, dass unter „erforderliche Brandschutzmaßnahmen" in diesem Falle ein sehr engmaschiges Netz von Brandsicherheitswachen verstanden werden kann und auch muss, da die

Abschaltung einzelner Meldergruppen einer automatischen Brandmeldeanlage immer ein besonderes Risiko darstellt, das allein der Betreiber trägt, zumal in einer Großveranstaltung häufig zahlreiche elektrische Anlagen in Betrieb sind und eventuell auch mit Pyrotechnik gearbeitet wird.

Hinweis: Die notwendige Abschaltung von Meldergruppen im Rahmen einer Veranstaltung liegt allein in der Verantwortung und Haftung des Betreibers der Versammlungsstätte und nicht der Feuerwehr.

§ 38 Pflichten der Betreiber, Veranstalter und Beauftragten

(1) Der Betreiber ist für die Sicherheit der Veranstaltung und die Einhaltung der Vorschriften verantwortlich.

(2) Während des Betriebes von Versammlungsstätten muss der Betreiber oder ein von ihm beauftragter Veranstaltungsleiter ständig anwesend sein.

(3) Der Betreiber muss die Zusammenarbeit von Ordnungsdienst, Brandsicherheitswache und Sanitätswache mit der Polizei, der Feuerwehr und dem Rettungsdienst gewährleisten.

(4) Der Betreiber ist zur Einstellung des Betriebes verpflichtet, wenn für die Sicherheit der Versammlungsstätte notwendige Anlagen, Einrichtungen oder Vorrichtungen nicht betriebsfähig sind oder wenn Betriebsvorschriften nicht eingehalten werden können.

(5) Der Betreiber kann die Verpflichtungen nach den Absätzen 1 bis 4 durch schriftliche Vereinbarung auf den Veranstalter übertragen, wenn dieser oder dessen beauftragter Veranstaltungsleiter mit der Versammlungsstätte und deren Einrichtungen vertraut ist. Die Verantwortung des Betreibers bleibt unberührt.

Die beschriebenen Pflichten des Betreibers, Veranstalters bzw. Beauftragten binden die genannten Personen nicht nur an die Erfordernisse von Brandschutz und Sicherheit, sondern bieten auch gleichzeitig dem Brandsicherheitsdienst ein rechtliches Werkzeug gegenüber diesen Personen.

§ 41 Brandsicherheitswache, Sanitäts- und Rettungsdienst

(1) Bei Veranstaltungen mit erhöhten Brandgefahren hat der Betreiber eine Brandsicherheitswache einzurichten.

(2) Bei jeder Veranstaltung auf Großbühnen sowie Szenenflächen mit mehr als 200 m² Grundfläche muss eine Brandsicherheitswache der Feuerwehr anwesend sein. Den Anweisungen der Brandsicherheitswache ist zu folgen. Eine Brandsicherheitswache der Feuerwehr ist nicht erforderlich, wenn die Brandschutzdienststelle dem Betreiber bestätigt, dass er über eine ausreichende Zahl ausgebildeter Kräfte verfügt, die die Aufgaben der Brandsicherheitswache wahrnehmen.

(3) Veranstaltungen mit voraussichtlich mehr als 5.000 Besuchern sind der für den Sanitäts- und Rettungsdienst zuständigen Behörde rechtzeitig anzuzeigen

Der Maßstab für das Vorliegen einer erhöhten Brandgefahr ist z.B. die Lagerung und Verwendung brennbarer Stoffe während der Veranstaltung bzw. innerhalb einer Versammlungsstätte, die Verwendung von Feuer und offenem Licht in Abhängigkeit von der Art der Veranstaltung, die Abdunkelung des Versammlungsraumes und/oder der Umgang mit besonderen elektrischen Verbrauchern. Dabei ist aber nicht nur die Auswirkung eines Brandes zu beachten, sondern vor allem auch die Möglichkeit einer **Panik.**

Die Brandsicherheitswache kann auch von Selbsthilfekräften des Betreibers, z.B. einer Betriebsfeuerwehr, selbst durchgeführt werden. Diese Regelung schließt nicht aus, dass der Betreiber sich auf vertraglicher Basis auch der von Dritten gestellten Selbsthilfekräfte bedienen kann. Diese Selbsthilfekräfte müssen für die Aufgabe der Brandsicherheitswache geschult sein. Die Anzahl der erforderlichen Selbsthilfekräfte und die Ausbildung sind im Einzelfall mit der zuständigen Brandschutzdienststelle zu vereinbaren.

Diese Erleichterung zielt insbesondere auf die an einem Theater übliche Produktionsweise ab, deren Aufbau sich nicht ständig ändert, bei der also en suite (in der Folge, nacheinander) gespielt wird.

§ 42 Brandschutzordnung, Feuerwehrpläne

(1) Der Betreiber oder ein von ihm Beauftragter hat im Einvernehmen mit der Brandschutzdienststelle eine Brandschutzordnung aufzustellen und durch Aushang bekannt zu machen. In der Brandschutzordnung sind insbesondere die Erforderlichkeit und die Aufgaben eines Brandschutzbeauftragten und der Kräfte für den Brandschutz sowie die Maßnahmen festzulegen, die zur Rettung Behinderter, insbesondere Rollstuhlbenutzer, erforderlich sind.

(2) Das Betriebspersonal ist bei Beginn des Arbeitsverhältnisses und danach mindestens einmal jährlich zu unterweisen über

1. die Lage und die Bedienung der Feuerlöscheinrichtungen und -anlagen, Rauchabzugsanlagen, Brandmelde- und Alarmierungsanlagen und der Brandmelder- und Alarmzentrale,

2. die Brandschutzordnung, insbesondere über das Verhalten bei einem Brand oder bei einer Panik und

3. die Betriebsvorschriften.

Den Brandschutzdienststellen ist Gelegenheit zu geben, an der Unterweisung teilzunehmen. Über die Unterweisung ist eine Niederschrift zu fertigen, die der Bauaufsichtsbehörde auf Verlangen vorzulegen ist.

(3) Im Einvernehmen mit der Brandschutzdienststelle sind Feuerwehrpläne anzufertigen und der örtlichen Feuerwehr zur Verfügung zu stellen

Im Rahmen einer Planung sollte in jedem Falle überprüft werden, ob das vor Ort eingesetzte Betriebspersonal des Veranstalters oder Betreibers auch gemäß der Vorgaben des § 42 ausgebildet ist. Sollte es zu einer Gefahrensituation kommen, muss sichergestellt sein, dass das Betriebspersonal auch tatsächlich handlungsfähig ist, da der Brandsicherheitsdienst eine Gefahrensituation niemals allein, sondern nur im Verbund mit dem gut ausgebildeten Betriebspersonal oder dem Ordnungsdienst bewältigen kann.

§ 43 Sicherheitskonzept, Ordnungsdienst

(1) Erfordert es die Art der Veranstaltung, hat der Betreiber ein Sicherheitskonzept aufzustellen und einen Ordnungsdienst einzurichten.

(2) Für Versammlungsstätten mit mehr als 5.000 Besucherplätzen hat der Betreiber im Einvernehmen mit den für Sicherheit oder Ordnung zuständigen Behörden, insbesondere der Polizei, der Feuerwehr und der Rettungsdienste, ein Sicherheitskonzept aufzustellen. Im Sicherheitskonzept sind die Mindestzahl der Kräfte des Ordnungsdienstes gestaffelt nach Besucherzahlen und Gefährdungsgraden sowie die betrieblichen Sicherheitsmaßnahmen und die allgemeinen und besonderen Sicherheitsdurchsagen festzulegen.

(3) Der nach dem Sicherheitskonzept erforderliche Ordnungsdienst muss unter der Leitung eines vom Betreiber oder Veranstalter bestellten Ordnungsdienstleiters stehen.

(4) Der Ordnungsdienstleiter und die Ordnungsdienstkräfte sind für die betrieblichen Sicherheitsmaßnahmen verantwortlich. Sie sind insbesondere für die Kontrolle an den Ein- und Ausgängen und den Zugängen zu den Besucherblöcken, die Beachtung der maximal zulässigen Besucherzahl und der Anordnung der Besucherplätze, die Beachtung der Verbote des § 35, die Sicherheitsdurchsagen sowie für die geordnete Evakuierung im Gefahrenfall verantwortlich

Diese Forderungen beziehen sich auf die speziellen Gegebenheiten bei Veranstaltungen in Mehrzweckhallen, Sportstadien und Versammlungsstätten im Freien. Im genannten Sicherheitskonzept können, unabhängig von allgemeinen Regelungen, die speziellen örtlichen Verhältnisse der Versammlungsstätte sowohl in bautechnischer als auch in betrieblicher Hinsicht berücksichtigt werden. Die Mitwirkung der Behörden soll sicherstellen, dass die öffentlich-rechtlichen Vorschriften beachtet werden und Festsetzungen, wie z.B. die Anzahl der erforderlichen Ordnungskräfte sich an den sicherheits- und ordnungsrechtlichen Bedürfnissen ausrichten und unabhängig von wirtschaftlichen Erwägungen getroffen werden.

3.5 Selbstkontrolle und Testfragen

(Lösungen siehe Seite 66)

1. Unter welchen allgemeinen Voraussetzungen muss ein Brandsicherheitsdienst angeordnet werden?

a) Grundsätzlich bei allen Veranstaltungen in Versammlungsstätten

b) Für Veranstaltungen, bei denen bei Ausbruch eines Brandes eine größere Anzahl von Menschen gefährdet wäre (Versammlungen, Ausstellungen, Theateraufführungen, Zirkusveranstaltungen, Messen, Märkte und vergleichbare Veranstaltungen)

c) Bei Veranstaltungen in Versammlungsstätten mit pyrotechnischen Darbietungen

2. Worauf ist beim Brandsicherheitsdienst im Hinblick auf Rettungswege bzw. Flächen für die Feuerwehr zu achten?

a) Rettungswege auf dem Grundstück sowie Zufahrten, Aufstell- und Bewegungsflächen für Einsatzfahrzeuge von BOS müssen ständig freigehalten werden.

b) Flucht- und Rettungswege in der Versammlungsstätte müssen ständig freigehalten werden.

c) Während des Betriebes sollten alle Türen von Rettungswegen unverschlossen sein – einschließlich der Notausgänge.

d) Während des Betriebes müssen alle Türen von Rettungswegen unverschlossen sein – einschließlich der Notausgänge.

3. Welche Anforderungen werden an Bestuhlungen in Versammlungsstätten gestellt?

a) In Reihen angeordnete Sitzplätze müssen unverrückbar befestigt sein.
b) Sitzplätze dürfen aus brennbaren Materialien bestehen.
c) Sitzplätze müssen mindestens 0,5 Meter breit sein.
d) Sitzplätze müssen in Blöcken von höchstens 50 Sitzplatzreihen angeordnet sein.
e) Die Gänge müssen auf möglichst kurzem Weg zum Ausgang führen.
f) Ein genehmigter Bestuhlungs- und Rettungswegeplan ist erforderlich.

4. Welche Anforderungen werden an Vorhänge, Sitze, Ausstattungen, Requisiten und Ausschmückungen gestellt?

a) Vorhänge von Bühnen müssen mindestens schwer entflammbar sein.
b) Brennbares Material muss von Zündquellen wie z.B. Scheinwerfern so weit entfernt sein, dass keine Entzündung möglich ist.
c) Requisiten dürfen nicht aus leicht entflammbaren Material bestehen.
d) Die Funktion von Schutzvorhängen darf nicht beeinträchtigt werden.
e) Für Darsteller gilt Rauchverbot auf der Bühne.

5. Worauf ist bei der Bedienung technischer Einrichtungen während laufender Veranstaltungen in Versammlungsstätten zu achten?

a) Der Schutzvorhang wird vor jeder Vorstellung/Probe auf seine Betriebsbereitschaft geprüft.
b) Der Brandsicherheitsdienst darf die automatische Brandmeldeanlage auf Anforderung des Veranstalters abschalten.
c) Einzelne Meldergruppen der automatischen Brandmeldeanlage dürfen vom Betreiber abgeschaltet werden.
d) Der Schutzvorhang ist nach jeder Vorstellungen herabzulassen und zu allen arbeitsfreien Zeiten geschlossen zu halten.

4 Zuständigkeiten

Der Brandsicherheitsdienst ist Bestandteil des Vorbeugenden Brandschutzes und deshalb dem Aufgabenbereich der jeweiligen Gemeinde zuzuordnen, die auch für die Anordnung des Brandsicherheitsdienstes zuständig ist. Dem Veranstalter wird in der Regel ein Bescheid über die Durchführung erstellt, häufig ist es aber auch üblich, dass die Veranstalter schon mit der Anmietung einer Versammlungsstätte im Mietvertrag die Verpflichtung zur Kontaktaufnahme mit der Gemeinde, z.B. mit dem Ordnungsamt oder der Brandschutzdienststelle – sofern vorhanden – übernehmen.

Abbildung 4: Mobile Gasanlagen bei einem Konzert in einer Versammlungsstätte (Quelle: Tügel)

Veranstaltungen, bei denen eine erhöhte Brandgefahr besteht und bei denen bei Ausbruch eines Brandes eine große Zahl von Personen gefährdet ist, erfordern die Anordnung eines Brandsicherheitsdienstes. Dies gilt insbesondere bei folgenden Veranstaltungen:

- Messen, Ausstellungen, Märkte, Straßen- oder Volksfeste
- Theateraufführungen, Musikveranstaltungen
- Zirkusveranstaltungen,
- Vorträge, Konzerte, Bälle u. Ä. in Versammlungsstätten oder -räumen,
- Sportveranstaltungen, Motorflug- oder Ballonfahrtveranstaltungen,
- Großfeuerwerke in brandgefährdeter Umgebung

Im Einzelfall kann die Notwendigkeit des Brandsicherheitsdienstes nach folgenden Kriterien beurteilt werden:

- gleichzeitige Anwesenheit vieler Personen
- örtliche Gegebenheiten des abwehrenden Brandschutzes
- Ausführung der vorbeugenden Brandschutzmaßnahmen des Gebäudes
- Umgang mit offenem Feuer
- Verwendung entzündlicher, brand- und explosionsgefährlicher Stoffe

Ziel der Anordnung eines Brandsicherheitsdienstes ist insbesondere

- die Überprüfung der technischen Brandschutzeinrichtungen sowie der notwendigen Brandschutzmaßnahmen,
- die Sicherstellung der unmittelbaren Alarmierung der zuständigen Feuerwehr im Brandfall,
- die Einleitung der Brandbekämpfung bei einem Entstehungsbrand und
- die Vorbeugung einer Panik der anwesenden Personen im Gefahrfall.

Wird durch die Gemeinde (z.B. durch das Ordnungsamt) oder durch die Brandschutzdienststelle für eine Veranstaltung ein Brandsicherheitsdienst angeordnet, wird dieser in der Regel durch die örtlich zuständige Feuerwehr durchgeführt. Die Zuständigkeiten für die Art und den Umfang der Durchführung ergeben sich in aller Regel aus den Brandschutzgesetzen der

Länder. Zumeist wird die Art und Weise der Durchführung vom Leiter der örtlich zuständigen Feuerwehr festgelegt.

Für größeren Veranstaltungsorte und regelmäßigen Veranstaltungen bestehen für den Brandsicherheitsdienst in den meisten Fällen entsprechende Durchführungskonzepte und Dienstanweisungen der Feuerwehren, während bei nur unregelmäßig stattfindenden Veranstaltungen die Durchführung des Brandsicherheitsdienstes meist einer individuellen Planung durch die zuständige Feuerwehr bedarf.

Hinweis: Bei der Anordnung eines Brandsicherheitsdienstes durch die zuständigen Stellen, kann die Feuerwehr grundsätzlich davon ausgehen, dass mit der Genehmigung einer Veranstaltung auch die Forderungen hinsichtlich der Einhaltung der öffentlichen Sicherheit und Ordnung durch diese Stellen berücksichtigt wurden.

Im Rahmen der Dienstaufsicht sollte der für die Durchführung des Brandsicherheitsdienstes zuständige Leiter der Feuerwehr (oder ein Beauftragter) auch regelmäßige Kontrollen des Brandsicherheitsdienstes durchführen.

5 Organisation des Brandsicherheitsdienstes

Der für die Durchführung des Brandsicherheitsdienstes verantwortliche Leiter der örtlich zuständigen Feuerwehr (oder ein von ihm Beauftragter) trifft alle wesentlichen Festlegungen für die Organisation des Brandsicherheitsdienstes in der Regel in schriftlicher Form. Dabei sollten – ggf. in Abstimmung mit dem Verantwortlichen des Veranstalters bzw. dem Betreiber vor Ort – folgende Punkte aufgeführt werden:

- Veranstaltungsort und Veranstaltungsart
- Veranstaltungsbeginn
- Personalstärke und Leitung des Brandsicherheitsdienstes
- Dienstbeginn (gegebenenfalls auch Dienstende und Ablösungen)
- Art der Dienstkleidung
- Art und Umfang der Ausrüstung und Einsatzmittel (Fahrzeug)
- besondere Hinweise zur Veranstaltung bzw. zum Brandsicherheitsdienst

5.1 Personalstärke und Ausrüstung

Die Personalstärke für einen Brandsicherheitsdienst darf grundsätzlich die Anzahl von zwei Feuerwehrangehörigen (aus der Einsatzabteilung) nicht unterschreiten. Die Personalstärke muss je nach Art der Veranstaltung, nach örtlich bedingter Gefahr oder nach räumlicher Ausdehnung der Versammlungsstätte entsprechend erhöht werden. In der Regel besteht der Brandsicherheitsdienst aus einem Wachhabenden und einem Wachposten.

Diese Feuerwehrangehörigen müssen bestimmte Ausbildungsanforderungen erfüllen, der Wachhabende sollte die Gruppenführerausbildung und die Wachposten mindestens die Feuerwehr-Grundausbildung erfolgreich abgeschlossen haben. Die Wachposten müssen darüber hinaus in die Aufgaben eines Brandsicherheitsdienstes eingewiesen sein.

Organisation des Brandsicherheitsdienstes

Tabelle 1: Personalstärke des Brandsicherheitsdienstes

Veranstaltungsart bzw. -ort	Mindeststärke	Löschfahrzeug
Ballonstarts	1 / 5	bei Bedarf
Feuerwerke	1 / 5	ja
Karnevalistische Veranstaltung in Räumen	1 / 2	
Kraftfahrzeugvorführungen in Räumen	1 / 2	
Märkte und Straßenfeste	1 / 5	bei Bedarf
Messen und Ausstellungen	1 / 5	bei Bedarf
Mittelbühne	1 / 1	
Motorflugveranstaltungen	1 / 5	ja
Motorsportveranstaltungen	1 / 5	ja
Musikveranstaltungen in Räumen	1 / 1	
Rockkonzerte im Freien	1 / 5	bei Bedarf
Sportveranstaltungen im Freien	1 / 3	
Sportveranstaltungen in Räumen	1 / 1	
Szenenfläche > 200 m^2	1 / 1	
Tanzveranstaltungen in Räumen	1 / 1	
Vollbühne	1 / 3	
Volksfeste im Freien	1 / 5	ja
Volksfeste in Räumen	1 / 2	
Wanderbühnen	1 / 1	
Zirzensische Aufführungen in Räumen	1 / 2	
Zirkusveranstaltungen	1 / 5	ja

Hinweis: Die angegebenen Mindeststärken für einen Brandsicherheitsdienst dienen nur der Orientierung. Bei der genauen Festlegung der Mindeststärke sind die Art der Veranstaltung und die jeweiligen örtlichen Gegebenheiten zu beachten.

Hinsichtlich der Benennung eines Wachhabenden für den Brandsicherheitsdienst sollten außerdem folgende Kriterien beachtet werden:

- Ausbildung zum Gruppenführer
- Kenntnisse über die Aufgaben des Wachhabenden
- Kenntnisse über die anzuwendenden Rechtsvorschriften
- Kenntnisse über Organisation, Einsatzplanung, Ausstattung und Einsatztaktik der örtlichen Feuerwehr
- Kenntnisse über Baukunde und Vorbeugenden Brandschutz
- regelmäßige Fortbildung im Bereich VStättVO / Brandsicherheitsdienst

Handelt es sich bei einem Brandsicherheitsdienst um eine sich ständig wiederholende Aufgabenerfüllung der Feuerwehr (z. B. bei sich regelmäßig wiederholenden Veranstaltungen), bei der immer die gleichen festgelegten Aufgaben durchgeführt werden, kann die Aufgabe des Wachhabenden auch von einem geeigneten Truppführer übernommen werden.

Eine spezielle Feuerwehrausrüstung oder das Bereithalten einer Feuerwehr-Einsatzkleidung ist beim Brandsicherheitsdienst nicht erforderlich, da es im Falle eines Brand- oder eines anderen Schadenereignisses nicht die Aufgabe des Brandsicherheitsdienstes ist, umfassende Löschmaßnahmen vorzunehmen, sondern eher Erstmaßnahmen bei der Bekämpfung von Entstehungsbränden mit den vor Ort zur Verfügung stehenden brandschutztechnischen Einrichtungen zu ergreifen.

Hinweis: Das Mitführen spezieller Einsatzausrüstung und -kleidung liegt im Ermessen der örtlichen Feuerwehren und ist abhängig von deren Einsatzkonzepten.

Wenn der Brandsicherheitsdienst mit einem Löschfahrzeug vor Ort ist, muss aber entsprechende Einsatzkleidung mitgeführt werden, damit im Falle eines Schadenereignisses der Brandsicherheitsdienst unmittelbar in das Einsatzgeschehen eingreifen kann.

Ein Handsprechfunkgerät (2-m-Band) sollte zudem von allen diensthaben-
den Feuerwehrangehörigen mitgeführt werden, um so eine rasche Kommunikation untereinander zu ermöglichen. Für die Kommunikation zur Leitstelle
ist ein Funksprechgerät (4-m-Band) im Dienstfahrzeug oder ein entsprechen-
des, vor Ort mitgeführtes Handsprechfunkgerät erforderlich.

Die übliche Bekleidung der Feuerwehrangehörigen des Brandsicherheitsdienstes ist die Dienstbekleidung (Ausgehuniform ohne Dienstmütze), bei
der auf Sauberkeit und ordentlichen Sitz geachtet werden sollte. Die
Feuerwehrangehörigen des Brandsicherheitsdienstes stehen im Fokus öffentlicher Betrachtung und repräsentieren auch gleichermaßen ihre Feuerwehr,
so dass ein vorbildliches Erscheinungsbild ein absolutes Muss darstellt. Dazu
gehört neben der ordnungsgemäßen Dienstbekleidung selbstverständlich
auch eine der Aufgabe angemessene Gesamterscheinung der Feuerwehrangehörigen: Schmutzige Hände, ein Drei-Tage-Bart oder ähnliche „Unfälle" im
äußeren Erscheinungsbild können nicht toleriert werden.

Abbildung 5: Brandsicherheitsdienst mit entsprechender Dienstkleidung
(Foto: Ehrlich)

Dies hat nicht zuletzt auch den Grund, dass der Bürger dem ordentlichen und gepflegten Feuerwehrangehörigen großes Vertrauen entgegenbringt, während eine ungepflegte Erscheinung eher Zweifel an der Vertrauenswürdigkeit aufkommen lässt. Neben dem äußeren Erscheinungsbild muss auch das Auftreten der Feuerwehrangehörigen des Brandsicherheitsdienstes dem Rahmen und der Bedeutung der jeweiligen Veranstaltung gerecht werden. Die Feuerwehrangehörigen müssen sich z. B. bewusst sein, dass sie bei einem Volksfest oder einer vergleichbaren Veranstaltung nicht als Festteilnehmer anwesend sind, sondern als Einsatzkräfte, die mit der Durchführung einer hoheitlichen Aufgabe betraut wurden.

Für das Einnehmen von Speisen und Getränken während des Brandsicherheitsdienstes sollten sich die eingeteilten Feuerwehrangehörigen gegenseitig ablösen und einen Bereitschaftsraum aufsuchen. Das Gleiche gilt für entsprechende Pausenregelungen. Dabei dürfen aber die Aufgaben des Brandsicherheitsdienstes nicht vernachlässigt werden.

Hinweis: Während des Brandsicherheitsdienstes (auch in den Pausen) ist die Einnahme von alkoholischen Getränken strengstens untersagt!

5.2 Pflichten und Aufgaben vor der Veranstaltung

Der Beginn des Brandsicherheitsdienstes richtet sich nach den vor Veranstaltungsbeginn auszuführenden Maßnahmen. Die Dienstaufnahme sollte rechtzeitig, etwa 30 Minuten vor Beginn der Veranstaltung stattfinden, sofern keine besonderen brandschutztechnischen Begehungen und Überprüfungen erforderlich sind. Die Veranstaltung beginnt mit dem Einlass der Besucher. Ansonsten wird der Dienstbeginn in Abhängigkeit vom Umfang der erforderlichen Begehungen und Überprüfungen festgelegt.

Eine zu späte Dienstaufnahme, beispielsweise erst kurz vor dem Einlass der Besucher, ist keinesfalls zweckmäßig, da der Brandsicherheitsdienst so kaum noch genügend Zeit dazu hat, die notwendigen Vorbereitungen zu treffen oder wichtige Kontrollmaßnahmen durchzuführen.

Je nach Örtlichkeit der Veranstaltung ist es durchaus empfehlenswert, wenn schon beim Eintreffen des Brandsicherheitsdienstes die Zufahrten und Bewegungsflächen für die Feuerwehr außerhalb des Gebäudes kontrolliert werden, da die Praxis immer wieder zeigt, dass trotz deutlich sichtbarer Verbotsbeschilderung die Feuerwehrzufahrten, Notausgänge oder Bewegungs- oder Aufstellflächen mit Fahrzeugen oder auch Veranstaltungsausrüstungen zugestellt werden. Nach Beginn einer Veranstaltung ist es sehr schwer, diese Fahrzeuge oder Hindernisse entfernen zu lassen. In diesem Zusammenhang sollte auch sehr genau auf das Freihalten von Über- und/ oder Unterflurhydranten geachtet werden.

Vor dem Beginn der Veranstaltung hat der Wachhabende zunächst die Vollzähligkeit der Wachmannschaft festzustellen und die Nachrichtenverbindung zur Brandmeldestelle (Leitstelle/Feuerwache) zu überprüfen. Eine Nachrichtenübermittlung über eine in einer Versammlungsstätte vorhandene hausinterne, nicht automatische Vermittlung ist keinesfalls zweckmäßig, da

Abbildung 6: Zugeparkte Feuerwehrzufahrt (Foto: Ehrlich)

diese Einrichtungen im Notfall auch ausfallen könnten. Geprüft werden muss hier also, ob alle Möglichkeiten der Nachrichtenübermittlung wie etwa Funk, Brandmeldeanlage oder auch Handy funktionstüchtig sind.

Im Rahmen dieser Überprüfung meldet sich der Brandsicherheitsdienst bei der zuständigen Brandmeldestelle und gibt dort die Aufnahme des Brandsicherheitsdienstes an. Der Kontakt zur Leitstelle erfolgt dabei mit dem Funkrufnamen des vom Brandsicherheitsdienst genutzten Dienstfahrzeuges. In der Regel werden hier Mannschaftstransportwagen genutzt, manchmal aber auch Löschfahrzeuge.

Der Wachhabende des Brandsicherheitsdienstes meldet sich beim Veranstalter bzw. dessen Beauftragten, erfragt bei ihnen Besonderheiten der bevorstehenden Veranstaltung und führt mit ihnen gegebenenfalls eine gemeinsame Funktionsprüfung der Sicherheitseinrichtungen durch. Werden bei einer Veranstaltung zusätzlich Polizei, Rettungsdienste, Hilfsorganisationen oder Ordnungsdienste eingesetzt, nimmt der Wachhabende des Brandsicherheitsdienstes mit diesen ebenfalls Kontakt auf, stimmt mit ihnen die jeweiligen Schutzmaßnahmen ab und klärt vor allem die Art und Durchführung der gegenseitigen Kommunikation ab.

Hinweis: Der Brandsicherheitsdienst ist kein Ordnungsdienst und nimmt weder Aufgaben der Platzzuweisungen oder Weiterleitung von Besuchern noch Aufgaben der Parkplatzzuweisungen wahr. Der Brandsicherheitsdienst steht ausschließlich für Aufgaben des Brandschutzes zur Verfügung!

Bei den meisten Veranstaltungen ist es erforderlich vor Beginn der Veranstaltungen eine genaue Überprüfung der technischen Sicherheits- und Brandschutzeinrichtungen vorzunehmen und die Einhaltung festgelegter Brandschutzmaßnahmen zu kontrollieren. Insgesamt sollten bei der Vorbereitung eines Brandsicherheitsdienstes vor einer Veranstaltung folgende Punkte überprüft werden:

Organisation des Brandsicherheitsdienstes

Tabelle 2: Beispiel für eine Checkliste Brandsicherheitsdienst

Maßnahme / Anforderung	Durchführung	
	ja	nein
Ist das Personal des BSD vollzählig?	❏	❏
Ist die Aufgabenverteilung innerhalb des BSD erfolgt?	❏	❏
Ist die Anmeldung bei der Leitstelle erfolgt?	❏	❏
Ist die Kommunikation mit der Leitstelle überprüft?	❏	❏
Sind Feuerwehrzufahrten freigehalten?	❏	❏
Sind Feuerwehraufstellflächen freigehalten?	❏	❏
Sind Über- bzw. Unterflurhydranten frei/zugänglich?	❏	❏
Ist die Kontaktaufnahme mit dem Veranstalter erfolgt?	❏	❏
Ist ein Rundgang durch den Kontrollbereich erfolgt?	❏	❏
Sind feuergefährliche Handlungen bekanntgegeben?	❏	❏
Sind diese im Bühnen- bzw. Szenenbuch eingetragen?	❏	❏
Sind hierfür geeignete Sicherheitsvorkehrungen getroffen?	❏	❏
Ist ein genehmigter Bestuhlungsplan vorhanden?	❏	❏
Sind die Vorgaben des Bestuhlungsplans eingehalten?	❏	❏
Ist ein Rettungswegplan vorhanden?	❏	❏
Sind die Vorgaben des Rettungswegplans eingehalten?	❏	❏
Sind Flucht- und Rettungswege freigehalten?	❏	❏
Sind Flucht- und Rettungswege in voller Breite nutzbar?	❏	❏
Sind Flucht- und Rettungswege ausreichend beleuchtet?	❏	❏
Sind Notausgänge frei zugänglich?	❏	❏

Tabelle 2: Beispiel für eine Checkliste Brandsicherheitsdienst (Fortsetzung)

Maßnahme / Anforderung	Durchführung	
	ja	nein
Sind Notausgänge unverschlossen?	❏	❏
Sind Notausgänge von innen leicht zu öffnen?	❏	❏
Sind Türfeststelleinrichtungen funktionstüchtig?	❏	❏
Ist die Sicherheitsbeleuchtung eingeschaltet?	❏	❏
Sind Feuerschutz- und Rauchabschlüsse funktionstüchtig?	❏	❏
Ist die Brandmeldeanlage betriebsbereit?	❏	❏
Sind Meldergruppen der Brandmeldeanlage deaktiviert?	❏	❏
Sind Rauch- und Wärmeabzugsanlagen betriebsbereit?	❏	❏
Sind deren Auslöseeinrichtungen frei zugänglich?	❏	❏
Sind automatische Löscheinrichtungen betriebsbereit?	❏	❏
Sind deren Auslöseeinrichtungen frei zugänglich?	❏	❏
Sind Feuerlöscher und Wandhydranten betriebsbereit?	❏	❏
Sind Feuerlöscher und Wandhydranten leicht zugänglich?	❏	❏
Ist der Schutzvorhang (in Theatern) funktionstüchtig?	❏	❏
Ist dessen Auslöseeinrichtung frei zugänglich?	❏	❏
Sind Alarmierungseinrichtungen betriebsbereit?	❏	❏
Sind deren Auslöseeinrichtungen frei zugänglich?	❏	❏
Ist die interne Lautsprecheranlage betriebsbereit?	❏	❏

Nach diesem Rundgang durch den gesamten Kontrollbereich weist der Wachhabende den Wachposten ihre jeweilige Aufgabe zu und erläutert ihnen gegebenenfalls Art und Umfang der jeweiligen Aufgabe.

5.2.1 Märkte, Straßenfeste, Messen und Ausstellungen

Die Personalstärke des Brandsicherheitsdienstes ist entsprechend der Art der Veranstaltung und deren räumlicher Ausdehnung festzulegen. Die Mindeststärke gemäß Tabelle 1 sollte dabei nicht unterschritten werden. Gegebenenfalls ist der Brandsicherheitsdienst in mehreren Schichten zu leisten. Mit den eingeteilten Einsatzkräften sollte es möglich sein, mit dem (bei Bedarf) mitgeführten Löschfahrzeug einen Erstangriff vorzunehmen und auch Kontrollgänge durchzuführen.

Vom Bereitstellungsplatz des Löschfahrzeuges muss ein problemloses Einfahren in das Veranstaltungsgelände möglich sein. Im Bereich des Bereitstellungsplatzes sollte z. B. ein Bereitschaftsraum in einer festen Unterkunft (mit Telefonanschluss) oder ein geeignetes Zelt für die Einsatzkräfte des Brandsicherheitsdienstes vorhanden sein.

Hinweis: Der Beginn des Brandsicherheitsdienstes hängt ebenfalls von der Art der Veranstaltung und deren räumlicher Ausdehnung ab.

Bei mehrtägigen Veranstaltungen ist auf dem Veranstaltungsgelände eine tägliche Überprüfung der An- und Durchfahrt mit dem Löschfahrzeug durchzuführen. Anhand von Plänen, Begehungen und durch Befahren des Geländes verschaffen sich die Einsatzkräfte des Brandsicherheitsdienstes den notwendigen Überblick. Dabei ist auf die Rettungswege, die Zu- und Ausgänge, die Löschwasserentnahmestellen, die Abstandflächen und die festgelegten Brandschutzvorkehrungen zu achten.

5.2.2 Theater, Bühnen- und Schauspielhäuser

Die Personalstärke des Brandsicherheitsdienstes bei Generalproben und Vorstellungen ist entsprechend der Art der Veranstaltung und Versammlungsstätte festzulegen. Die Mindeststärke gemäß Tabelle 1 sollte dabei nicht unterschritten werden. Der Beginn des Brandsicherheitsdienstes richtet sich nach den vor Veranstaltungsbeginn auszuführenden Maßnahmen.

Bei einem Rundgang werden die Bereiche des Bühnen- und Zuschauerraumes bzw. des Versammlungsraumes mit der Spielfläche überprüft. Zur Sicherstellung der Funktionsfähigkeit lässt der Brandsicherheitsdienst in Versammlungsstätten mit einer Vollbühne den Schutzvorhang durch das zuständige Bühnenpersonal durch einmaliges Herablassen überprüfen. Der Wachhabende weist den/die Wachposten in seine/ihre Aufgaben ein und informiert ihn/sie über Besonderheiten während der Vorstellung, z.B. Verwendung von offenem Feuer, Rauchen, Licht- und Knalleffekte, die er zuvor beim Bühnenmeister erfragt oder dem Bühnenbuch entnommen hat. Für Großbühnen ist ein spezieller Platz für den Brandsicherheitsdienst erforderlich. Hierzu heißt es in der Muster-Versammlungsstättenverordnung:

§ 25 Platz für die Brandsicherheitswache

(1) Auf jeder Seite der Bühnenöffnung muss für die Brandsicherheitswache ein besonderer Platz mit einer Grundfläche von mindestens 1 m mal 1 m und einer Höhe von mindestens 2,20 m vorhanden sein. Die Brandsicherheitswache muss die Fläche, die bespielt wird, überblicken und betreten können.

(2) Am Platz der Brandsicherheitswache müssen die Vorrichtung zum Schließen des Schutzvorhangs und die Auslösevorrichtungen der Rauchabzugs- und Sprühwasserlöschanlagen der Bühne sowie ein nichtautomatischer Brandmelder leicht erreichbar angebracht und durch Hinweisschilder gekennzeichnet sein. Die Auslösevorrichtungen müssen beleuchtet sein. Diese Beleuchtung muss an die Sicherheitsstromversorgung angeschlossen sein. Die Vorrichtungen sind gegen unbeabsichtigtes Auslösen zu sichern.

Abbildung 7: Der Wachposten muss über ein Bühnenfeuerwerk informiert sein.
(Quelle: Tügel)

5.2.3 Zirkusveranstaltungen

Die Personalstärke des Brandsicherheitsdienstes ist entsprechend der Größe des Zeltes und der damit verbundenen Zahl der Zuschauerplätze festzulegen. Die Mindeststärke gemäß Tabelle 1 sollte dabei nicht unterschritten werden. Üblicherweise wird auf dem Zirkusgelände ein wasserführendes Löschfahrzeug (möglichst Tanklöschfahrzeug) bereitgestellt. Als vorbereitende Maßnahmen werden Schlauchleitungen bis zum Zelt ausgelegt und auch unter Druck gesetzt und Kleinlöschgeräte in ausreichender Zahl bereitgehalten.

Der Wachhabende informiert sich mit den Wachposten über die örtlichen Gegebenheiten (z. B. Zeltausgänge, Fluchtwege auf dem Gelände), weist die Wachposten in ihre Aufgaben ein und informiert sie über Besonderheiten während der Vorstellung. Die Wachposten nehmen rechtzeitig vor Beginn der Vorstellung ihre Plätze ein, von denen aus sie auch die Manege überblicken können.

5.3 Pflichten und Aufgaben während der Veranstaltung

Bei der Beschreibung der Pflichten und Aufgaben während der Veranstaltung muss zunächst unterschieden werden zwischen Veranstaltungen, bei denen die Besucher ihr Augenmerk auf ein zentrales Geschehen richten, etwa bei Theaterstücken oder Konzerten und solchen Veranstaltungen, bei denen sich die Besucher im Veranstaltungsbereich bewegen, etwa bei Volksfesten, Messen und Ausstellungen.

Bei Theater- oder Konzertveranstaltungen o. Ä. ist es üblich, dass die Einsatzkräfte des Brandsicherheitsdienstes während der gesamten Vorführungsdauer feste Postenplätze einnehmen, die in der Regel festgelegt sind und/oder so gewählt werden sollten, dass sie neben der guten Übersicht über den gesamten Überwachungsbereich nicht störend wirken.

Darbietungen während der Veranstaltung, von denen eine besondere Gefährdung ausgehen kann, z.B. feuergefährliche Handlungen, Pyrotechnik, Rauchen auf der Bühne, sind über den Zeitraum der Vorführung ununterbrochen zu überwachen. Darüber hinaus ist auf einen ausreichenden Abstand zwischen (heißen) Scheinwerfern zu Dekorationen bzw. zu Kulissen zu achten.

Für die Nachrichtenübermittlung zwischen den Wachposten und dem Wachhabenden werden, vor allem in größeren Objekten, sinnvollerweise die mitgeführten Handsprechfunkgeräte benutzt. Dabei ist aber unbedingt zu beachten, dass Störungen der Handlungen durch den Sprechfunkverkehr unterbleiben. Bei bestimmten Veranstaltungen kann es erforderlich sein, auch während der Veranstaltung regelmäßige Kontrollgänge im gesamten Wachbereich durchzuführen.

Die Postenplätze dürfen ohne Absprache mit dem Wachhabenden nicht verlassen werden. Sie haben sich auf ihre Aufgabe zu konzentrieren und dürfen keine aufgabenfremden Tätigkeiten wahrnehmen. Auch in den Pausen muss mindestens ein Wachposten im Überwachungsbereich verbleiben, da in diesem Zeitraum oftmals Umbauten an den Kulissen durchgeführt werden.

Dabei muss darauf geachtet werden, dass keine gefährlichen Umstände geschaffen werden und die notwendigen Sorgfaltspflichten auch unter Zeitdruck eingehalten werden. So darf z.B. der Schutzvorhang nicht nachträglich durch Kulissen verstellt und der Zugang zu Sicherheits-, Alarm- und Löscheinrichtungen nicht durch Material oder Requisiten behindert werden.

Bei Veranstaltungen, bei denen sich die Besucher ständig innerhalb von Veranstaltungsräumen oder auf einem Veranstaltungsgelände bewegen, führt der Brandsicherheitsdienstes regelmäßige Kontrollgänge im gesamten Veranstaltungsbereich durch. Dabei ist es notwendig, dass die Wachposten bzw. der Wachhabende miteinander in Funkverbindung stehen. Dies kann durch Mitführen geeigneter Handsprechfunkgeräte (2-m-BOS) sichergestellt werden. Auf die Einhaltung der Sicherheitsvorkehrungen durch den Verantwortlichen und der für die Veranstaltung getroffenen Maßnahmen ist bei diesen Kontrollgängen besonders zu achten.

Abbildung 8:   Wachposten im Bühnenbereich (Foto: Ehrlich)

5.4 Pflichten und Aufgaben nach der Veranstaltung

Die Beendigung des Brandsicherheitsdienstes kann dann erfolgen, wenn alle Besucher die Veranstaltung verlassen haben bzw. wenn nach dem Ende der Veranstaltung eine besondere Gefährdung aufgrund einer nur noch geringen Zahl von Besuchern ausgeschlossen werden kann, in der Regel ca. 30 Minuten nach Ende der Veranstaltung. Die Einschätzung liegt im Ermessen des Wachhabenden, der den Brandsicherheitsdienst nach einem abschließenden Rundgang durch den Kontrollbereich beenden kann.

Die Beendigung des Brandsicherheitsdienstes ist sowohl dem Verantwortlichen des Veranstalters bzw. dem Betreiber vor Ort als auch der Leitstelle der Feuerwehr mitzuteilen.

Eine ganz besondere Situation ergibt sich, wenn nach Beginn einer Veranstaltung festgestellt wird, dass lediglich eine unerhebliche Zahl von Besuchern an der Veranstaltung teilnimmt und somit die Voraussetzungen für die Anordnung eines Brandsicherheitsdienstes entfallen sind. In einem solchen Falle kann und darf der Wachhabende nach Rücksprache mit dem für die Durchführung eines Brandsicherheitsdienstes verantwortlichen Leiter der Feuerwehr (bzw. dem Beauftragten) auch die Beendigung des Brandsicherheitsdienstes noch vor dem Ende der Veranstaltung anordnen. Der Betreiber/Veranstalter sowie die zuständige Leitstelle sind darüber zu informieren.

Für jeden durchgeführten Brandsicherheitsdienst ist ein Bericht anzufertigen und an die zuständige Gebührenstelle der Gemeinde zu leiten. Diese wird dann ihrerseits eine Rechnung für den Veranstalter erstellen. Der Bericht sollte darüber hinaus sämtliche festgestellten Mängel sowie die Maßnahmen zur Mängelbeseitigung dokumentieren (siehe auch Kapitel 8).

5.5 Selbstkontrolle und Testfragen

(Lösungen siehe Seite 66)

1. **Welche Aufgaben hat ein Brandsicherheitsdienst?**

a) Die Überprüfung der technischen Brandschutzeinrichtungen sowie der notwendigen Brandschutzmaßnahmen
b) Die Kontaktpflege mit Betreiber und Veranstalter
c) Die unmittelbare Alarmierung der Feuerwehr im Brandfall
d) Die Einleitung von Erstmaßnahmen bei einem Entstehungsbrand

2. **Welche Informationen werden zur erfolgreichen Durchführung eines Brandsicherheitsdienstes benötigt?**

a) Veranstaltungsort, Veranstaltungsart und Beginn der Veranstaltung
b) Dienstbeginn und Personalstärke
c) Namensliste aller beteiligten Darsteller
d) Besondere Hinweise zur Veranstaltung bzw. zum Brandsicherheitsdienst
e) Art und Umfang der Ausrüstung und Einsatzmittel (Fahrzeug)

3. **Welche Kriterien muss ein Wachhabender des Brandsicherheitsdienstes erfüllen?**

a) Eine Feuerwehrgrundausbildung ist ausreichend.
b) Ausbildung zum Gruppenführer
c) Fachliche und persönliche Eignung
d) Kenntnisse über Baukunde und Vorbeugenden Brandschutz
e) Gelegentliche Fortbildungen im Bereich VStättVO

4. **Wie muss der Brandsicherheitsdienst durchgeführt werden?**

a) Es werden keine besonderen Anforderungen gestellt.
b) Ggf. Dienstanweisungen beachten
c) Konzentriertes Handeln ohne Übernahme aufgabenfremder Aufgaben
d) Gelegentliche Kontrollrundgänge

5. Wie ist der Aufstellplatz eines mitgeführten Löschfahrzeuges zu wählen?

a) Ganz allgemein, dort wo Platz ist
b) Die An- und Durchfahrt zum Veranstaltungsgelände muss jederzeit problemlos möglich sein.
c) Bei Bedarf muss ein Erstangriff ohne Verzögerung erfolgen.
d) Das Fahrzeug darf in der Feuerwehrzufahrt stehen.
e) Das Fahrzeug darf nicht zu dicht an Gebäuden stehen.

6. Welche gesetzlichen Grundlagen regeln die Zuständigkeiten bezüglich der Durchführung von Brandsicherheitsdiensten?

a) Das Arbeitsschutzgesetz
b) Berufsgenossenschaftliche Regeln
c) Brandschutzgesetze der Länder
d) Muster-Versammlungsstättenverordnung – MVStättV

7. Worauf ist bei Kontrollrundgängen unter anderem zu achten?

a) Sind Feuerwehrzufahrten frei und uneingeschränkt nutzbar?
b) Ist in allen Nebenräumen die Beleuchtung ausgeschaltet?
c) Sind Notausgänge frei zugänglich und unverschlossen?
d) Sind Feuerschutz- und Rauchabschlüsse funktionstüchtig?
e) Sind Feuerlöscher und Wandhydranten betriebsbereit?

6 Beseitigung von Mängeln und Gefahren

Der Brandsicherheitsdienst hat die Aufgabe, Brände zu verhüten und Gefahren zu erkennen und die notwendigen Erstmaßnahmen zur Menschenrettung und Schadenbeseitigung einzuleiten. Stellt der Brandsicherheitsdienst Mängel fest, durch die Gefahren drohen oder durch die der ordnungsgemäße Brandsicherheitsdienst behindert wird, muss sich der Wachhabende des Brandsicherheitsdienstes sofort mit dem Betreiber/Veranstalter oder seinem Beauftragten in Verbindung setzen.

Der Brandsicherheitsdienst kann eine Mängelbeseitigung vom Betreiber/Veranstalter oder seinem Beauftragten fordern. Zur Durchsetzung der Forderungen bedient sich der Wachhabende des Brandsicherheitsdienstes der mündlichen **Anordnung oder Verfügung**. Diese Anordnungen oder Verfügungen müssen:

* hinreichend begründbar,
* eindeutig und unzweifelhaft formuliert („Ich ordne an"/„Ich verfüge") und
* angemessen sein.

Im Rahmen dieser Kontroll- und Überwachungsaufgaben haben die Angehörigen des Brandsicherheitsdienstes sich grundsätzlich höflich, gleichwohl aber bestimmt gegenüber dem Betreiber/Veranstalter oder seinem Beauftragten und dem Personal zu verhalten, wenn sicherheitsrelevante Anweisungen und Hinweise gegeben werden. Die Veranstaltungen selbst dürfen nur bei unmittelbarer Gefahr gestört, unterbrochen oder abgebrochen werden.

Sollten im Rahmen der Kontrollgänge sicherheitsrelevante Mängel festgestellt werden (z.B. verschlossene Notausgänge oder durch abgestellte Kulissen eingeengte Rettungswege), so sind diese unverzüglich dem Betreiber/Veranstalter oder seinem Beauftragten zu melden. Dies ist stets verbunden mit der Auflage, die Mängel zeitnah zu beseitigen.

Dies sollte in jedem Falle vom Wachhabenden oder Wachposten nachkontrolliert und gegebenenfalls erneut angeordnet bzw. verfügt werden. Zu vermeiden sind hierbei unbedingt Anordnungen gegenüber einzelnen Akteuren, Ausstellern oder anderen Personen. Ansprechpartner für den Wachhabenden des Brandsicherheitsdienstes ist grundsätzlich der Betreiber/Veranstalter oder dessen Beauftragter.

Ist die Beseitigung eines schwerwiegenden Mangels, der eine bestehende Gefährdung darstellt, nicht sofort möglich, ist dem Betreiber/Veranstalter oder seinem Beauftragten mündlich anzuordnen, dass die Veranstaltung nicht beginnen darf, zu unterbrechen ist oder abgebrochen werden muss.

Wenn schwerwiegende Mängel nicht rechtzeitig vor Beginn der Veranstaltung abgestellt werden können, ist der Verantwortliche für den Brandsicherheitsdienst, d.h. der Leiter der zuständigen Feuerwehr, zu informieren. Dieser kann z.B. die Genehmigungsbehörde oder Polizeidienststelle anfordern oder Ersatzmaßnahmen festlegen, z.B. das Bereitstellen zusätzlicher Einsatzkräfte o.Ä.

Hinweis: Bevor von Seiten des Brandsicherheitsdienstes zu rechtlichen Mitteln der Durchsetzung von Maßnahmen zur Abwehr oder Beseitigung von Gefahren oder Mängeln gegriffen wird, ist es immer notwendig und angezeigt, in Kommunikation mit dem Betreiber/Veranstalter oder seinem Beauftragten zu treten und eine einvernehmliche Lösung des Problems auf der Grundlage sachlicher Darlegung und Überzeugung herzustellen.

Es wurde bereits erwähnt, dass in den für den Brandsicherheitsdienst geltenden Rechtsvorschriften die Aufgaben des Brandsicherheitsdienstes klar erläutert werden, jedoch dabei über die erforderlichen Kompetenzen für die Durchführung der Aufgaben nur ungenaue Angaben gemacht werden. Daher ist darauf hinzuweisen, dass die Feuerwehr bei der Durchsetzung ihrer Forderungen nach Grundsätzen der Gefahrenabwehr handelt, die jeweils in den Brandschutzgesetzen der Länder auch umrissen sind.

Damit unterliegt die Feuerwehr in ihrem Handeln auch dem Polizei- und Ordnungsrecht und kann bzw. darf hieraus auch die rechtlichen Grundlagen für die Durchsetzung ihrer Forderungen und Anweisungen schöpfen.

Sollte ein solches Vorgehen im tatsächlichen Falle notwendig sein, so kann die Feuerwehr beispielsweise die Amtshilfe von Polizei oder Ordnungsamt in Anspruch nehmen und etwa Fahrzeuge auf Kosten der Halter entfernen oder sogar vom Ordnungsamt eine Veranstaltung noch vor Beginn unterbinden oder eine laufende Veranstaltung vorzeitig beenden lassen, wenn die Sicherheit aus Sicht der Feuerwehr nicht gewährleistet ist.

Festgestellte Mängel und Verstöße beziehen sich in der Praxis zumeist auf Verstöße gegen § 51 der Musterbauordnung, wo bestimmte Anforderungen an das Betreiben von Sonderbauten erläutert sind. Die dort enthaltenen Anforderungen können sich auf den Brandschutz, die Brandschutzeinrichtungen sowie die zulässige Zahl der nutzenden Personen richten. Diese Anforderungen können sich aber auch auf das Verhalten der Personen, die Kennzeichnung von Räumen mit besonderen Brand- und Explosionsgefahren, die Einrichtung von Warnanlagen und insbesondere die brandschutztechnische Überwachung erstrecken.

Abbildung 9: Treppenhäuser darf man nicht verstellen – schon gar nicht mit brennbaren Flüssigkeiten (Quelle: Friedl)

6.1 Selbstkontrolle und Testfragen

(Lösungen siehe Seite 66)

1. Was ist zu veranlassen, wenn während des Kontrollrundgangs vom Brandsicherheitsdienst Mängel festgestellt werden?

a) Der Wachhabende informiert sofort die Feuerwehrleitstelle.
b) Der Wachhabende nimmt Kontakt mit Betreiber und ggf. Veranstalter auf.
c) Der Wachhabende wirkt bei Betreiber und ggf. Veranstalter auf die Beseitigung der festgestellten Mängel hin.
d) Der Wachhabende fordert umgehend personelle Unterstützung an.

2. Auf welche Rechtsgrundlagen kann sich der Brandsicherheitsdienst beziehen, um eine Mängelbeseitigung einzufordern?

a) Auf das jeweils gültige Brandschutzgesetz des Landes
b) Auf die jeweils gültige Bauordnung des Landes
c) Auf die Dienstanweisung der Feuerwehr zur Durchführung des Brandsicherheitsdienstes
d) Auf die Arbeitsstättenverordnung
e) Auf die Muster-Versammlungsstättenverordnung – MVStättV

3. Welche Ämter, Behörden oder Stellen kann der Brandsicherheitsdienst zur Unterstützung in schwierigen Situationen anfordern?

a) Den Leiter der Feuerwehr oder dessen Stellvertreter
b) Die Polizei
c) Den Kriminaldauerdienst oder ein Sondereinsatzkommando
d) Vertreter des Ordnungsamtes
e) Den Bürgermeister oder den Landrat

7 Gefahrenabwehr

Die grundsätzliche Aufgabe des Brandsicherheitsdienstes ist die Verhütung von Bränden und die Abwehr von Brandgefahren. Es ist aber nicht Aufgabe des Brandsicherheitsdienstes im Falle eines Brandes oder einer anderen Gefahrensituation, umfassende Maßnahmen der Schadenbekämpfung durchzuführen. Vielmehr muss die Aufgabe des Brandsicherheitsdienstes im Sinne einer qualifizierten Erstmaßnahme gesehen werden, bei der bis zum Eintreffen von umfangreichen Feuerwehr- und Rettungskräften Maßnahmen der Brand- oder Gefahrenabwehr einleitet und durchführt bzw. die Räumung oder Teilräumung der Versammlungsstätte veranlasst wird.

Die wichtigsten Maßnahmen bei einem Brandausbruch sind:
❏ Feuerwehr über die zuständige Leitstelle alarmieren
❏ Lage durch den Wachhabenden erkunden
❏ Brandbekämpfung einleiten
❏ ggf. Lösch- und Sicherheitseinrichtungen auslösen
❏ anrückende Einsatzkräfte einweisen

Diese Reihenfolge ist zu beachten. Dabei ist durch den Wachhabenden jederzeit zu prüfen, ob eine Räumung oder Teilräumung der Versammlungsstätte notwendig ist. Bei anderen Gefahren wie z.B. Unfällen oder Erkrankungen ist sinngemäß zu verfahren.

Jeder Angehörige eines Brandsicherheitsdienstes sollte sich vor einer Veranstaltung darüber im Klaren sein, dass jederzeit ein Schadenfall eintreten kann. Insbesondere für eine dann notwendige Räumung der Versammlungsstätte bzw. des Veranstaltungsbereiches sollten ein Konzept bestehen, das sowohl den örtlichen Gegebenheiten als auch der möglichen Gefahrensituation angemessen ist.

7.1 Außerhalb der Versammlungsstätte

Bei einem Brand, der unmittelbar im Bereich, jedoch außerhalb der eigentlichen Versammlungsstätte festgestellt wird, ist vom Brandsicherheitsdienst unverzüglich die zuständige Feuerwehr über die Leitstelle zu alarmieren und dabei eine lageabhängige Gefahrenmeldung abzusetzen. Erst dann wird die Erkundung durch den Wachhabenden vorgenommen bzw. die Brandbekämpfung eingeleitet.

Die Brandbekämpfung mit (vorhandenen) Kleinlöschgeräten kann ggf. unter Zuhilfenahme von fremden Personen durchgeführt werden, etwa durch Verpflichtung von geeigneten Passanten o.Ä., wenn dies im Rahmen der Bekämpfung kleinerer Entstehungsbrände ohne besondere Gefahren für diese Personen möglich ist.

Dabei dürfen die übrigen Mitglieder des Brandsicherheitsdienstes den Versammlungsraum bzw. den zugewiesenen Posten nicht verlassen, sondern sind weiterhin an ihre Wachaufgabe innerhalb der Versammlungsstätte gebunden. Die Auswirkungen auf die Versammlungsstätte selbst und damit verbundene Räumungserwägungen müssen vom Wachhabenden rasch geprüft und nach Lage umgesetzt werden, wobei hier die direkte Rücksprache mit dem Veranstalter/Betreiber erfolgen sollte.

7.2 Innerhalb der Versammlungsstätte

Werden innerhalb der Versammlungsstätte Brandgeruch, Rauch oder ein Entstehungsbrand wahrgenommen, ist zunächst wie zuvor beschrieben zu verfahren, d.h. alarmieren – erkunden – einleiten – einweisen. Droht eine Brandausbreitung über das Entstehungsstadium hinaus oder ist eine Gefahrensituation unübersichtlich oder nicht erkundbar, sind die entsprechenden Sicherheitseinrichtungen auszulösen, wie z.B. Schutzvorhang oder Räumungsalarm.

Der Hauptaufgabenbereich des Brandsicherheitsdienstes liegt im Falle einer drohenden und nicht einzudämmenden Brandausbreitung vor allem darin, die erforderlichen Räumungsmaßnahmen auf der Grundlage der spezifischen Räumungskonzepte einzuleiten und zu überwachen und beim Eintreffen der Feuerwehr entsprechende Lagemeldung zu erstatten.

Räumungs- oder Gefahrendurchsagen über die hauseigene Lautsprecheranlage sollten zudem keinesfalls spontan erfolgen. Üblich ist es hier, schon im Vorfeld der Veranstaltung „Räumungs- oder Gefahrendurchsagen" schriftlich festzulegen. Dabei kann – anders als bei einer Spontandurchsage – auf eine Panik oder Unruhe vermeidende Wortwahl geachtet werden.

Für den Fall einer Räumung müssen bereits im Vorfeld des Brandsicherheitsdienstes die Aufgaben der Posten festgelegt sein, um hier ohne Probleme und ohne Verzögerung wirksam tätig werden zu können. Zudem ist sicherzustellen, dass die Einweisung der eintreffenden Feuerwehrkräfte durch den Wachhabenden oder einen dazu beauftragten Wachposten erfolgt.

7.3 Selbstkontrolle und Testfragen

(Lösungen siehe Seite 66)

1. Welche Maßnahmen sind bei einem Brandausbruch zu veranlassen?

a) Lage erkunden und Feuerwehr alarmieren
b) Ggf. Brandbekämpfung einleiten
c) In jedem Fall Räumung veranlassen

2. Was ist vom Brandsicherheitsdienst zusätzlich zu unternehmen, wenn eine Gefahrensituation unübersichtlich wird?

a) Ggf. Löscheinrichtungen auslösen oder betätigen
b) Ggf. Schutzvorhang schließen
c) Ggf. Räumungsalarm auslösen

3. Wie kann eine Räumung erfolgreich durchgeführt werden?

a) Das Auslösen von akustischem Alarm ist ausreichend.
b) Der Brandsicherheitsdienst kennt das Räumungskonzept.
c) Der Brandsicherheitsdienst ist befähigt, die Inhalte des Räumungskonzepts zielführend umzusetzen.
d) Die Aufgaben der Posten sind eindeutig definiert.

8   Dokumentation und Gebührenabrechnung

Über den Brandsicherheitsdienst ist durch den Wachhabenden ein Bericht anzufertigen. Ergeben sich Beanstandungen, Mängel, Beschwerden oder dergleichen, sind diese im Bericht zu vermerken. Der Bericht über den Brandsicherheitsdienst ist vom Veranstalter/Betreiber zu unterschreiben.

Die Gemeinde kann Ersatz der durch Brandsicherheitsdienst entstehenden Kosten verlangen und für die Durchführung des Brandsicherheitsdienstes Gebühren nach örtlichen Gebührenordnungen erheben. Die Gebühren trägt jeweils der Betreiber bzw. derjenige, in dessen Interesse ein Brandsicherheitsdienst gestellt wurde.

Hinweis: Die Erhebung einer Gebühr für den Brandsicherheitsdienst durch die Gemeinde bedeutet aber nicht, das die Angehörigen des Brandsicherheitsdienstes automatisch für den erbrachten Zeitaufwand eine finanzielle Entschädigung erhalten. Hier gelten die jeweils landesrechtlichen bzw. örtlichen Regelungen.

Bericht über den Brandsicherheitsdienst am:

Wochentag:	Datum:

Veranstaltungsort:	
Veranstaltung:	
Veranstalter:	
Kostenträger:	

Beginn der Veranstaltung:	Uhr	Ende der Veranstaltung:	Uhr
Ende der Sicherheitswache:	Uhr	Ende der Sicherheitswache:	Uhr

Posten	Namen	BF / FF	Ersatz- bzw. Fehlvermerk	BF / FF
1				
2				
3				
4				
Z				

- bei Nichterscheinen eines Postens unverzüglich den Leiter der Feuerwehr oder seinen Vertreter verständigen
- freiwilliger Zusatzposten unter „Z" mit Namen eintragen

Besondere Vorkommnisse und Beanstandungen:

Kontrolle durchgeführt:		Wachhabender/-e:	Gesehen:	
von / bis	Unterschrift:	Unterschrift:	Datum:	Handzeichen:

Kemper 22.03.12

Abbildung 10: Bericht über den Brandsicherheitsdienst

9 Verwendete Abkürzungen

Abs.	Absatz
BSD	Brandsicherheitsdienst
BOS	Behörden und Organisationen mit Sicherheitsaufgaben
bzw.	beziehungsweise
d.h.	das heißt
ggf.	gegebenenfalls
o.Ä.	oder Ähnliche(s)
u.a.	und andere(s)
u.Ä.	und Ähnliche(s)
usw.	und so weiter
z.B.	zum Beispiel

10 Literatur- und Quellenverzeichnis

HAMILTON, W.; Handbuch für den Feuerwehrmann, 21. Auflage 2011, Boorberg-Verlag, Stuttgart

Merkblatt „Hinweise zum Brandsicherheitswachdienst", Arbeitskreis Vorbeugender Brand- und Gefahrenschutz der Feuerwehren von Baden-Württemberg

Musterbauordnung (MBO) in der Fassung November 2002, zuletzt geändert durch Beschluss der Bauministerkonferenz vom Oktober 2008

Musterverordnung über den Bau und Betrieb von Versammlungsstätten (Muster-Versammlungsstättenverordnung – MVStättV) in der Fassung Juni 2005, zuletzt geändert durch Beschluss der Fachkommission Bauaufsicht vom Februar 2010

Lösungen

Lösungen zu Kapitel 3: 1. b), c); 2. a), b) und d); 3. a), c), e) und f); 4. a), b), c) und d); 5. a), c) und d)

Lösungen zu Kapitel 5: 1. a), c) und d); 2. a), b), d) und e); 3. b), c) und d); 4. b) und c); 5. b) und c); 6. c) und d); 7. a), c), d) und e)

Lösungen zu Kapitel 6: 1. b) und c); 2. a), b), d) und e); 3. a), b) und d)

Lösungen zu Kapitel 7: 1. a), und b); 2. a), b) und c); 3. b), c) und d)